HANGJIA
DAINIXUAN
行家带你选

琥 珀

姚江波 ／ 著

U0214654

中国林业出版社

图书在版编目 (CIP) 数据

琥珀 / 姚江波著 . - 北京: 中国林业出版社, 2019.6
（行家带你选）
ISBN 978-7-5038-9980-5

I. ①琥… II. ①姚… III. ①琥珀-鉴定 IV. ① TS933.23

中国版本图书馆 CIP 数据核字 (2019) 第 047391 号

策划编辑　徐小英
责任编辑　梁翔云　葛　洋　于界芬
美术编辑　赵　芳　刘媚娜

出　　　版　中国林业出版社(100009 北京西城区刘海胡同7号）
　　　　　　http://www.forestry.gov.cn/lycb.html
　　　　　　E-mail:forestbook@163.com　电话：(010)83143515
发　　　行　中国林业出版社
设计制作　北京捷艺轩彩印制版技术有限公司
印　　　刷　北京中科印刷有限公司
版　　　次　2019 年 6 月第 1 版
印　　　次　2019 年 6 月第 1 次
开　　　本　185mm×245mm
字　　　数　169 千字（插图约 380 幅）
印　　　张　10
定　　　价　65.00 元

金珀珠

琥珀平安扣

琥珀碗（三维复原色彩图）

血珀、金珀串珠

◎ 前 言

　　琥珀是一种有机宝石，主要由碳、氢、氧三种元素组成。琥珀的形成通常需要经过千百万年甚至上亿年的沧海桑田，实际上琥珀已经成为了化石。松柏科植物的一滴树脂如果滴在小昆虫身上便可以使其挣扎不得，被永远定格在琥珀之中。千百万年后，这些被包裹在琥珀里面的蜘蛛、苍蝇、蚊虫、蜗牛等栩栩如生地呈现在我们面前；同样，一些植物也常被包裹在里面。

　　依据不同的分类标准，琥珀可以分为多种类型，如血珀、金珀、骨珀、蜜蜡、花珀、蓝珀、虫珀、香珀、翳珀、石珀等。总之，琥珀种类繁多。琥珀的产地非常多，我国及世界上很多国家都有产，如俄罗斯、乌克兰、法国、德国、英国、罗马尼亚、意大利、波兰等国家，但以波罗的海沿岸国家为主，特别是俄罗斯的产量最大，基本上占到整个世界琥珀产量的 90% 以上。我国主要产于抚顺，属于矿珀。另外，河南南阳、广西等地也有产，但宝石级的琥珀难觅，目前琥珀主要以进口料为主。

　　琥珀在我国很早就有出现，汉代墓葬当中就经常见到此类随葬品。魏晋以来，直至明清都是这样，可见人们对其是趋之若鹜。但从数量上看，我国古代琥珀数量还不是很多，主要以串珠和一些很小的雕件为主，大型的基本不见，这主要与古代材质的稀少和进口不畅有关。当代琥珀在数量上则达到了一个新的高度，市场上琥珀制品琳琅满目，数量众多，且在品质上与古代琥珀相比，优者更优，精品力作频现。这主要得益于当代"丝绸之路"的通畅，特别是波罗的海沿岸国家的许多优质琥珀进入中国，使

血珀碗（三维复原色彩图）

琥珀随形摆件

得琥珀原材的备料成为历史之最，为打造精品力作奠定了基础。由上可见，琥珀制品自产生之后就以前所未有的速度迅猛发展，在中国历史上产生了无与伦比的造型，如串珠、项链、山子、平安扣、隔珠、隔片、念珠、胸针、笔舔、炉、印章、瓶、供器、狮、虎、臂搁、佛珠、水盂、吊坠、如意、桃子、弥勒、盏、烟斗等，可谓是造型繁多。特别是当代琥珀制品，由过去的旧时堂前燕飞入百姓家。虽然也有相当多的琥珀造型没有大规模流行，或者流行时间比较短，只是在历史上"昙花一现"，很快就消失了；但也有诸多的造型直至当代依然在市场上常见，如吊坠、印章、手串等，几乎贯穿了中国历史的全过程，成为帝王将相乃至当代人主要使用的饰品之一。

中国古代琥珀虽然离我们远去，但人们对它的记忆是十分深刻的，这一点反映在收藏市场上。在收藏市场上，历代琥珀受到了人们的热捧，各种古琥珀在市场上都有交易，特别是明清琥珀在拍卖行经常可以看到。由于中国古代琥珀是人们日常生活当中真正在佩戴和把玩着的饰品，是珠宝当中数量较多的品类之一，所以从客观上看收藏到古琥珀的可能性比较大。但由于琥珀的价值较高，以克论价，优者数万，且硬度不高，作伪技术含量较低，加之柯巴树脂、赛璐珞等材料大量的出现，这也注定了各种各样的伪琥珀频出，成为市场上的鸡肋。高仿品与低仿品同在，鱼龙混杂，真伪难辨，琥珀的鉴定成为一大难题。而本书从文物鉴定角度出发，力求将错综复杂的问题简单化，以质地、色彩、光泽、密度、造型、纹饰、厚薄、重量、风格、雕工、打磨等鉴定要素为切入点，具体而细微地指导收藏爱好者由一件琥珀的细部去鉴别琥珀之真假、评估琥珀之价值，力求做到使藏友读后由外行变成内行，真正领悟收藏，从收藏中受益。以上是本书所要坚持的，但一种信念再强烈，也不免会有缺陷，希望不妥之处，大家给予无私的指正和帮助。

姚江波

2019 年 5 月

◎ 目 录

印尼蓝珀随形摆件（柯巴树脂）

血珀串珠

南美洲琥珀随形摆件（柯巴树脂）

血珀桶珠

琥珀蜜蜡如意

琥珀随形摆件

琥珀随形摆件

第一节　概　述

一、概　念

琥珀是一种有机宝石，主要由碳、氢、氧三种元素组成（$C_{10}H_{16}O$），也含有少量的铝、镁、钙、铁、硫化氢等。琥珀是一种古老的化石，由松柏科植物的树脂在空气中硬化而形成。有的琥珀在

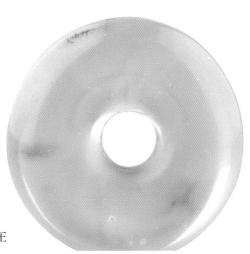

琥珀平安扣

血珀、金珀串珠

金珀珠、碧玉灯（三维复原色彩图）

地球上已经存在了千万年乃至上亿年。欧洲、美洲、中东等地区都发现了1亿年以上的琥珀。由于松柏科植物树脂黏稠度很高，有时可以使苍蝇等小昆虫被永远包裹在里面，所以琥珀之中可见蜘蛛、苍蝇、蚊虫、蜗牛等，同样一些植物也常被包裹在里面。

琥珀依据不同的分类标准，可以被分为各种类型，通常较为常见的是血珀、金珀、骨珀、花珀、蓝珀、虫珀、香珀、翳珀、石珀、原石等。琥珀的产地非常多，我国主要产于抚顺，属于矿珀，有时可见里面包裹的动植物化石。

河南南阳西峡也产琥珀，但经济价值较高的宝石级琥珀较少，主要为医珀，形状为饼状、团状、水滴状等。另外，云南永平保山也有少量产出，但品质也不是太好。由于国内原料稀缺，所以目前市场上的琥珀，基本上以进口料为主。以波罗的海沿岸国家为主，如俄罗斯、立陶宛、德国、波兰等国，特别是俄罗斯的产量最大，基本上占到整个世界琥珀产量的92%以上，可见其比例之高。另外，美洲以多米尼加最为著名，其他的如墨西哥、智利、阿根廷、哥伦比亚、厄瓜多尔、危地马拉、巴西等国都产琥珀；欧洲的乌克兰、英国、法国、罗马尼亚、意大利等国，还有大洋洲的澳大利亚、新西兰也是重要产地；亚洲的缅甸也是重要产区。我国目前进口的琥珀主要产地是波罗的海沿岸国家及缅甸。

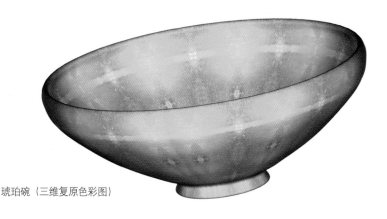

琥珀碗（三维复原色彩图）

哥伦比亚柯巴树脂随形摆件

二、柯巴树脂

柯巴树脂是一种没有完全石化、亚石化的天然树脂，形成过程和琥珀差不多，只不过是形成时间很短暂，仅有几百万年或近千万年。而琥珀的形成时间大多为几千万年，有的甚至长达亿年。柯巴树脂由于没有完全石化，所以它的熔点比较低，通常情况下100多摄氏度就融化了。而我们知道，要想烧熔琥珀需要几百摄氏度的温度。理论上这种柯巴树脂在经过亿万年的时光后也会从亚石化变成化石，成为琥珀。也正是由于这种相似性，促使了作伪者常常使用柯巴树脂冒充琥珀，具有很大的欺骗性。

从色彩上看，柯巴树脂的色彩比较简单，没有琥珀那么多种类的色彩，多是以黄色为多见，直至淡黄色。总之色彩比较暗，而不像琥珀的金黄、橘红等色彩那样光鲜，鉴定时应注意分辨。

从产地上看，柯巴树脂的产地比较多，哥伦比亚、巴西、非洲东部、印度、菲律宾、巴布亚新几内亚、澳大利亚、新西兰、印度尼西亚等地都有见，特别是印度尼西亚和哥伦比亚柯巴树脂进入我国较多。另外，中国也有许多柯巴树脂，价格非常便宜，常常被作伪者利用来制作琥珀。下面介绍柯巴树脂的一些鉴定特点。

印尼蓝珀随形摆件（柯巴树脂）

印尼蓝珀随形摆件（柯巴树脂）

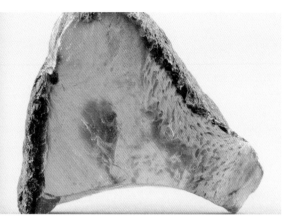
印尼蓝珀随形摆件（柯巴树脂）

南美洲琥珀随形摆件（柯巴树脂）

（1）从火烧上看，柯巴树脂特征比较明确。由于其没有完全石化，所以熔点比较低，拿火一烧，150 摄氏度就会变软，琥珀则需要更高的温度。我们在鉴定时应注意分辨。

（2）从变色上看，柯巴树脂在色彩上会不断变化。当然，琥珀的色彩也会变，但变化比较缓慢。而柯巴树脂在色彩上的变化则是比较快，而且不会变成橘红等与琥珀一样的色彩，而是会变浅，变成黄色，或者比黄色较深一点的颜色。我们在鉴定时应注意分辨。

印尼蓝珀随形摆件（柯巴树脂）

印尼蓝珀随形摆件（柯巴树脂）

（3）从脆性上看，柯巴树脂由于质比较软，比琥珀还要软，所以用指尖就可以划出痕迹。而琥珀则不能。这是一个很直接的鉴定要点，我们在鉴定时应注意分辨。但在使用此法时应谨慎，不然会被无良商家缠上。

（4）酒精法鉴别。酒精鉴别是区别琥珀和柯巴树脂所使用的主要方法。用酒精在柯巴树脂上滴一滴，就会有较大的反应，有的形成黏稠状，这是因为柯巴树脂没有完全石化，所以树脂不能抵御酒精的腐蚀。而琥珀的反应不大，因为琥珀已经是化石。这一点我们在鉴定时应注意分辨。

（5）刀剐法检测。这是一种有损的检测方法。由于琥珀的硬度很低，所以用刀很容易剐下一些碎末。能够正常剐下碎末的，显然是真琥珀。而塑料制品剐下来是一卷一卷的，这一点可能我们每一个人都有经验，很显然就是塑料了。但这一鉴定方法多运用于琥珀与塑料的区别，而如果是柯巴树脂，那么显然是不能够检测的，因为柯巴树脂剐下来也是碎末状。

印尼蓝珀随形摆件（柯巴树脂）

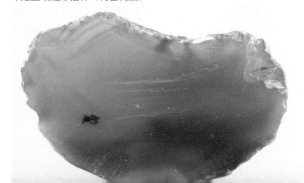

印尼蓝珀随形摆件（柯巴树脂）

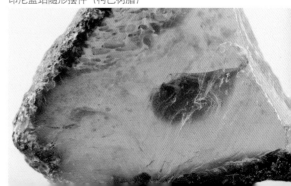

琥珀碗（三维复原色彩图）

第二节 质地鉴定

一、硬 度

　　硬度是琥珀抵抗外来机械作用的能力，如
雕刻、打磨等，是自身固有的特征，同时也是琥珀
鉴定的重要标准之一。对于琥珀而言虽然形成了化石，但是硬度不
是很高，通常琥珀的硬度为2.1～3.01。这个硬度非常的低，与和
田玉的硬度为6～6.5基本无法相比，就是比珊瑚的硬度，3.5～4.01
也要低得多。可见琥珀无论在玉石还是宝石当中硬度都是非常低的。
当然这个硬度比较有利于我们进行雕刻，一般的刻刀就可以在琥珀
之上削铁如泥般地进行操作。目前仿造琥珀的材质很多，如多种塑
料都与其在外表上有相似之处，所以在鉴定真伪时一定要进行硬度
的测定，这是琥珀鉴定的一个重要环节。

琥珀平安扣

琥珀随形摆件

琥珀随形摆件

二、比 重

琥珀在质地上较为疏松，这与其形成有关系。松柏科植物的树脂的本质注定了其质地松软，琥珀的比重为 1.1 ～ 1.16。这个比重数值相当的低，质地相当疏松，所以琥珀容易碎裂。这些特点也将会成为我们鉴定琥珀的重要依据。因为它直接反映了琥珀内部成分和结构，内部结构越是细密，密度越大，反之越小。当我们用手抚摸标本时，感觉越重的，就说明该琥珀的内部组织结构较优。鉴定时应注意分辨。

三、折射率

折射率是光通过空气的传播速度和在琥珀中的传播速度之比，通常琥珀的折射率为 1.53 ～ 1.543。对于被鉴定的某件琥珀制品来讲，折射率是一个固定数值。将这个固定数值同琥珀一般数值进行对比，显然就可以知道被鉴定物是否属于琥珀。

琥珀手镯（三维复原色彩图）

四、盐 水

琥珀由于比较轻，在盐水中可浮起，而在清水中则沉下去。这一方法看似简单，实际上很难掌握。因为盐水的比例要掌握好，否则不但不能辨别真伪，还会造成误导，这一点我们在鉴定时应注意分辨。

五、香 味

琥珀通常情况下有一定的香味，因为它是松柏科植物的树脂形成的，有香味很正常。不过自然状态下通常很难闻到香味，多数是必须经过揉搓后，放到鼻子跟前才能闻到香味。不同的琥珀香味不同，有一种白色琥珀闻起来比较香，其他色彩的琥珀在香味上略淡。一般是在未经雕刻的琥珀之上香味比较浓，而抛光过的琥珀之上，由于摸时摩擦力度不够，所以香味很淡，甚至有的时候难以闻到。这些我们在鉴定时应注意分辨。

六、针烧法

就是用火烧红针后刺琥珀，真的琥珀会有淡淡的香味，而如果是柯巴树脂，虽然也有松香味，但针头部位立刻会被融化，针头也会被粘住，有时还能拉出长条的丝线。而如果是塑料类的材料，则立刻会发出难闻的塑料气味，真伪已明辨。

七、脆 性

琥珀虽然硬度不高，但由于质地不是很致密，脆性也是比较大。在受到外界撞击后基本上反应比较大。如掉到地上立刻就会碎掉。所以应保护好，避免由于磕碰而造成伤害。

血珀、金珀串珠

印尼蓝珀随形摆件（柯巴树脂）

琥珀随形摆件

八、声 音

琥珀是有机宝石，如果拿串珠放在手中轻揉，声音是沉闷的，而不像有机玻璃，或者是聚苯乙烯等塑料制品那样声音比较响亮和清脆。鉴定时应注意分辨。

九、绺 裂

琥珀常有绺裂的情况，这与琥珀硬度较低、质地较软的固有特征有关系，加之磕碰，有的时候热胀冷缩，在以上众多原因的作用下，琥珀很容易形成绺裂现象。在现实中碰到的情况主要有2种：一是原石绺裂，比较常见的就是原石开裂。当然有的绺裂不是太严重，但是建议慎重对待。因为随着时间的推移，热胀冷缩的影响会加重绺裂的程度。二是雕件绺裂，雕件有绺裂的情况通常极为轻微，甚至不容易发现。但这确不容忽视。因为这些绺裂会越来越严重，直至无法控制。由此可见，绺裂会对宝石价值造成影响。

十、气 泡

琥珀中的气泡多为圆形或接近于圆形，而经过压制而形成的琥珀，体内气泡在色彩上多呈现出的是受压状态。气泡多是沿着一个方向被拉长，被压成了扁形，同时有着明显的流动性。鉴定时应注意分辨。

仿花珀手串

琥珀随形摆件

十一、光　泽

光泽是物体表面反射光的能力，而琥珀的这种反射能力非常强，光泽较好，在太阳光下非常的漂亮，熠熠生辉。漫长的岁月蹉跎使得琥珀在外表上不刺眼，非常柔和，多数通体闪烁着非金属的淡雅光泽，油脂光泽浓郁。鉴定时应注意分辨。

十二、透明度

透明度是琥珀透过可见光的程度。琥珀透过光的能力本身比较强，但由于受到环境的污染，沾染上了各种各样的色彩，如血珀、蓝珀、棕色等，所以在透明度上也造成了不同色彩的琥珀透光性不同。完全透明的琥珀有见，微透明的情况是主流，不透的情况也有见，但数量很少。另外，琥珀在透明度上也会受到厚度特征的影响，如，厚度越大，透明度越低等。这些因素我们在鉴定时应引起充分重视。

十三、静电性

静电特性是琥珀鉴定中常见的一种鉴定方法，就是利用琥珀和棉布、头发进行摩擦产生静电效应。这种短暂产生的静电可以吸附起纸片，而塑料制品产生的静电效应较小，这样立刻就可以洞穿真伪。对于琥珀而言，由于材质的限制静电效应很难观测到，但在生物电流作用下，琥珀产生的效果对人体有好处，如散热速度快、带走热量、保持皮肤干爽等，这也是琥珀能够流行至今的原因之一。

十四、手 感

人们用手触及琥珀时的感觉也是鉴定的重要标准之一，这种标准大有"只可意会不可言传"之韵。由于琥珀是有机宝石，所以摸久之后会有暖感，特别是放到嘴唇之上暖感更强。而不像是和田玉给人以冰凉的感觉，也不会像金属类速冷速热，琥珀给人比

琥珀随形摆件

较温和的一种暖感。从温润性上看，琥珀通常十分细腻、温润、光滑，与视觉感觉到的美有着异曲同工之妙。从轻重上看，琥珀通常情况下由于密度较低，所以会很轻盈，轻盈到与我们的感觉不相配。如看到一个手把件，当我们真正拿到手里把玩时，许多人的感觉就是轻。手感虽然是一种感觉，但它却不是唯心的，它也是一种科学的鉴定方法，而且是最高境界的鉴定方法之一。收藏者在练习这种鉴定方法时需要具备一定的先决条件，就是所触及的琥珀必须是靠谱的标准器，而不是伪器。如果是伪器则刚好适得其反，将伪的鉴定要点铭记心中，为以后的鉴定失误埋下了伏笔。而往往这一点是我们经常不注意的。在市场上很多人走一路摸一路，但是当走过一个博览会后，事先准备好的鉴定要点几乎是荡然无存，所以在手感上基本还是要以博物馆等的藏品为主。作伪者用电脑技术刻画得惟妙惟肖，各方面的技术指标都可以达到，但唯独就是感觉无法用电脑来完成，所以手感鉴定对于我们鉴定琥珀是极其重要的，在实践中应多体会。

琥珀随形摆件

琥珀随形摆件

血泊手镯（三维复原色彩图）

十五、纯净程度

　　杂质的多少是决定琥珀优劣的标准之一。通常情况下，如果是很薄的片雕，自然光下就可以看清楚琥珀上有没有杂质。但是如果过厚，就需要用强光手电筒来观测。由于琥珀透光性比较好，所以可以很清楚地看到器物体内有没有颗粒状的杂质，或星星点点状的杂质。通常情况下，不同的琥珀纯净程度不一样，评价的标准也有所不同。一般情况下纯净程度越高的琥珀价值越高，最为纯净的琥珀价值极高，而不太纯净的琥珀在价值上自然就低。但是也要看品种，如植物珀和包裹有动物尸体的虫珀就另当别论。因为有这些包裹体显然说明不纯净，但这些包裹品是历史的见证，许多已经灭绝了的动物在琥珀中都有见，这使得此类琥珀变得异常珍贵。因此，所谓琥珀的纯净程度在判定琥珀优劣上具有辩证性。

琥珀平安扣

仿金珀珠

琥珀碗（三维复原色彩图）

十六、精致程度

　　琥珀的精致程度特征比较明确。无论从商周秦汉琥珀，还是从当代琥珀来看，都是比较精致。当然，精致程度是对琥珀的总体评价，包括选料、做工等诸多方面。中国古代琥珀之所以是以精致为主，显然是因为中国琥珀在古代极为稀少，人们得到原料不容易，所以通常情况下将琥珀制作得尽善尽美。当代琥珀基本上也是这种情况，琥珀以克论价，十分珍贵，既然制作雕件，都是想将其琢磨成精美绝伦之器，达到最美程度。所以基本上都是圆度规整、光泽淡雅、做工精湛之器。这一点我们在鉴定时要注意分辨。

印尼蓝珀镯（柯巴树脂）（三维复原色彩图）

十七、辨伪方法

琥珀的辨伪主要包括2种：一种是对古代琥珀文物性质的辨伪；另外一种是当代琥珀质地的辨伪。其实两种是一种方法论，一种行为方式，是人们用它来达到琥珀玉质辨伪目的手段和方法的总合，因此辨伪方法并不具体。它只能用于指导我们的行为，以及对于琥珀辨伪的一系列思维和实践活动，并为此采取的各种具体的方法。由上可见，在鉴定时我们要注意到辨伪方法在宏观和微观上的区别。另外，还要注意到琥珀的鉴定不是一种方法可以解决的，而是需要多种方法并用。

仿花珀算珠

仿花珀碟（三维复原色彩图）

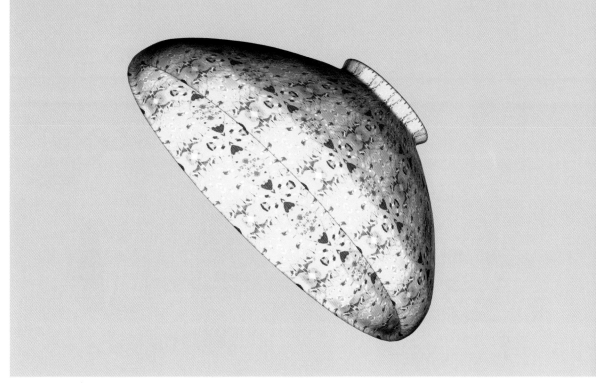

仿花珀碗（三维复原色彩图）

仿花珀手串

十八、仪器检测

在琥珀的辨伪当中，科学检测显然已经成为一种风尚。许多琥珀制品本身就带有国检证书，表明仪器检测的观念已深入人心，这是由琥珀适合检测的固有优点所决定的。通过对硬度、比重、折射率等一系列数值的检测，很快就能够科学有依据地得出被鉴定物是否是琥珀质地。但科学检测也并不是万能药，它只能从物理性质上证明这是一件琥珀产品，但不能辨别优劣，以及琥珀制品的制作年代、使用年代等特征。因此，通常情况下科学检测仪器只是鉴定的第一步，它的作用只是确定质地，将非琥珀类的产品排除在外，为之后对琥珀的鉴定打下坚实的基础，最后只有综合判断才能更全面地鉴定琥珀。

第二章 琥珀鉴定

第一节 特征鉴定

一、出土位置

古代琥珀传世下来的非常少，以墓葬发掘为主。原因主要是琥珀原料难得，在中国古代也是非常珍贵的材料，所以人们对于琥珀十分珍视，不为一般人所享用，传世品自然很少见。墓葬出土也是放置在非常显要的位置，如，"明代琥珀项链，M29：28，出土于墓室前侧胸部位置"（南京市博物馆等，1999）。可见，墓主人对于琥珀的珍视，生前佩戴，死后随葬。由此我们也可以知道，所谓老蜡或琥珀实际上是非常少的，越是久远的琥珀越这样，而且多数出土在墓葬当中。下面具体介绍下古代琥珀的情况：

无时代特征琥珀随形摆件

琥珀随形摆件

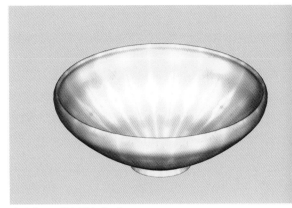

琥珀碗（三维复原色彩图）

1. 商周秦汉琥珀

商周秦汉时期，琥珀在出土位置上特征不是很明显，主要原因是当时的琥珀制品比较少，必然是十分珍贵，加之距离现在时间比较久，只是见到墓葬和遗址当中有出土，如汉代墓葬当中就不断有见（广西壮族自治区文物工作队等，2003）。不过单座墓葬出土的数量少到了极点。

2. 六朝隋唐辽金琥珀

六朝隋唐辽金时期时间跨度非常长，从墓葬发掘的情况来看，这一时期琥珀的随葬已经比较多见，以串饰、珠、管为多见，墓葬和遗址内都有出土，主要以墓葬出土为显著特征，器身多有穿孔，应多为随身赔葬。

3. 宋元明清琥珀

宋元明清时期琥珀已经成为人们熟知的珠宝，由于物以稀为贵，身份自高远。各种各样的琥珀制品出现了，串珠、腰带、项链等都较为常见，其出土位置多是墓主人随身携带，同时还出现了较多的琥珀镶嵌制品。如，"明代金龙裹琥珀冠饰，M29：27。出土于墓室前侧胸部位置"（南京市博物馆等，1999）。可见明代琥珀在出土位置上随着镶嵌工艺的发展而逐渐多元化，鉴定时应注意分辨。

4. 民国与当代琥珀

民国与当代琥珀多以传世为主，出土少见，故不存在出土位置特征，鉴定时应注意分辨。

二、件数特征

琥珀在件数上的特征对于鉴定而言十分重要，可以反映出琥珀在一定时期内流行的程度，给鉴定提供概率上的切实帮助。琥珀在件数特征上很明确，古代以墓葬出土为主，数量非常之少，不是所有的墓葬当中都会出土琥珀制品，偶见有墓葬会出土琥珀，多是一些有身份的人随葬。如，"西汉琥珀印1枚"（扬州博物馆，2000）。这并不是一个特例。通常情况下，墓葬出土琥珀的数量基本上都是这样，多一些的也是几件，如三到四件等。由此可知一个很重要的鉴定要点，如果发现大量的老蜡，无论它是唐宋，还是明清时期，基本上都不对。下面我们具体来看一下件数特征：

1. 商周秦汉琥珀

商周秦汉琥珀在件数特征上特点很明确，商周时期数量很少，秦代数量也很少，多以一件为主，西汉时期同样如此。东汉时期在数量上有所增加，来看一则实例。"汉代琥珀饰，1件"（广西壮族自治区文物工作队等，2003）。实际上这座墓葬随葬琥珀不只是这一种器物类型，如，"汉代琥珀饰4件"，可见琥珀数量很大。商周秦汉时期在琥珀数量上基本有一个递增的过程，鉴定时应注意分辨。

血珀桶珠

血珀、金珀串珠

血珀、金珀串珠

金珀珠

2. 六朝隋唐辽金琥珀

六朝隋唐辽金时期是一个相当长的历史时期，因为琥珀出土的数量实在是太少了，我们只能合并在一起来讲述。这一时期延续了东汉时期琥珀兴起的风尚，加之六朝时期官府禁止厚葬之风，以和田玉为代表的珠宝数量锐减，但是琥珀显然没有在限定的范围之内。我们来看一则出土的琥珀实例"六朝串饰，9 件"（南京市博物馆，1998）。由此可见，六朝隋唐辽金时期琥珀在件数特征上的确是增加了不少。六朝时期在禁止厚葬之风的强大压力之下，随葬滑石和琥珀等低硬度的制品显然蔚然成风。由此可见，古人对于珠宝玉石质地的认识已经相当深刻，至少不会低于我们现在的水平。以滑石和琥珀为例，我国现行的珠宝玉石国家标准 GB/T16552 — 2010 将其归入玉石名录。但并不是说六朝隋唐辽金时期所有的墓葬出土数量都很大，如，"六朝琥珀狮，1 件，M4：39"（南京市博物馆等，1998），同一个墓地还出土有"六朝琥珀管，1 件"，在数量上基本是以一到两件为主，过多的情况很少见到。隋唐宋辽时期琥珀的情况并没有随着六朝的灭亡而盛行，同样是数量比较少。我们来看一则实例，"五代石串饰，1 件"（西藏自治区山南地区文物局，2001）。上例这个墓葬当中出土了相当数量的串饰，其中有玛瑙、琥珀等。从和田玉透闪石的方法来分，现代矿物学家认为不是软玉

的材质都是石质，由此将这些都定为石质，所以其实五代石串饰指的实际上是琥珀、玛瑙等。由此可见，琥珀在隋唐五代时期厚葬盛行的时代依然还是数量不多。辽金时期基本上也是这样，从琥珀串饰上鉴定：五代、辽，红褐色，形状不规整，穿孔，大小有别，长1.3～3.8厘米、宽0.9～2.2厘米（内蒙古考古所，1996）。这件琥珀串饰，按照许慎的说法，也应该

仿花珀珠（三维复原色彩图）

是属于玉器的范围。从该墓的出土情况看，琥珀串饰的串联方式是直接串联，这一点与当代琥珀十分相似，没有和其他的物品串联在一起共同组成器物。但是，由于墓葬发掘时用于穿系的丝线已断，各种珠子散落于地，这样我们就不能肯定琥珀是和什么器物相互串联的，但这显然不是研究的重点。在鉴定当中要知道的就是在辽代墓葬当中存在着琥珀串饰这种情况就可以了。但这种情况应不是很多，主要出土于辽代高级墓葬当中。由于较为稀少，所以，本书将其列为标准器，希望读者如果有这类器物可以相互对照，仅供参考。

3. 宋元明清琥珀

宋元时期琥珀制品并不是非常之多。宋代墓葬出土琥珀的数量特征基本上延续传统，变化并不大；元代贵族可能更喜欢硬度大的珠宝；而明代墓葬则是经常可以看到琥珀的身影；清代主要以传世品为主。由此可见，宋元明清琥珀以明代为盛。我们来看一则实例，"明代琥珀簪2件"（南京市博物馆，1999）。另外，同样是这个墓葬还出土了琥珀杯、金链琥珀挂件各1件，可见明代墓葬随葬琥珀之丰，而且从随葬物品的贵重程度来看，因为金链琥珀挂件的出现很明显是告诉我们这不是扎纸活的明器，而是生前佩戴、死后随葬的。这是一个孤例吗？显然不是，我们再来看一个墓葬的发掘，"明代金龙裹琥珀冠饰，1件"（南京市博物馆等，1999）。同样在这个墓葬当中还出土了"明代琥珀项链1串"。由此可见，明代流行琥珀制品显然是存在的，从数量上看，以墓葬出土为主，1～2件为多见，我们在鉴定时应注意分辨。

琥珀平安扣

血珀串珠

琥珀随形摆件

4. 民国与当代琥珀

民国琥珀在数量上有限，多是一些串珠、戒指、鼻烟壶等产品，从件数特征上来看数量并不是很大，品质较差，进口料少，以抚顺等地的矿珀为显著特征。显然民国琥珀还比不上清代数量丰富，在琥珀制品上是一个衰落的时期。这一点我们在鉴定时应注意分辨。

当代琥珀的数量相当庞大，有大量的串珠、项链、手链、佩饰、把件、龙、貔貅、山子、平安扣、隔珠、隔片、念珠、胸针、笔舔、炉、印章、瓶、供器、狮、虎、臂搁、佛珠、水盂、吊坠、如意、桃子、弥勒、童子、人物故事、松鼠、鼎、珠子、牧童、盒子、镇纸、壶、佛像、观音、文房用具、盘、烟斗、洗、扁瓶、摆件等。这主要得益于当代原料的易得性。通过进口，大量的琥珀原石进入我国，这使得琥珀在件数特征上进入到我国历史上的最为繁荣的一个时期。相信今日之盛世，在收藏之风的推动下，琥珀在件数特征上一定会更上一层楼，由旧时的"王谢堂前燕"飞入到"寻常百姓家"。

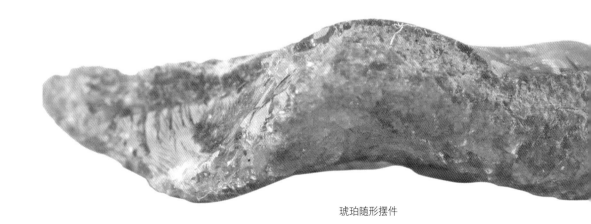
琥珀随形摆件

琥珀随形摆件　　　　　　　　　　　　　　　琥珀随形摆件

三、完残特征

　　完残特征主要是指古代的琥珀制品。当代琥珀制品由于制作水平较高，时间不长，基本不存在残缺的情况，但是会有磕碰、磕伤、磨伤、崩裂、划伤等情况发生，失亮的情况也有见，但有缺陷的数量很少。因为琥珀在当代是一种贵重的有机宝石，人们对其保护的措施通常都是比较得当。古代琥珀历经漫长岁月，土埋、风吹雨淋，受到多种侵蚀，残缺的情况比较常见。我们来看一则实例，"明代琥珀项链，M29：28，少许残缺"（南京市博物馆，1999）。这件墓葬当中出土的琥珀项链有残缺，这很正常。因为我们知道，一般情况下项链类在墓葬当中由于穿系的绳子腐烂，通常情况下都是散落一地，很容易残缺。该墓只是少许残缺，还属于保存好的情况。有很多墓葬当中出土的琥珀基本上是很难辨别外形，有的也不能复原。在鉴定时我们要注意到琥珀这种完残特征，主要是看残缺的是否自然、是否有酸咬的痕迹等等。总之完残特征鉴赏对于琥珀而言十分重要。

琥珀随形摆件

1. 商周秦汉琥珀

商周秦汉琥珀完整者有见，但残缺者更多。墓葬出土的印章等完整者有见，这可能是由于印章比较小，器物造型又是一个整体，所以得以保存下来。但大多数早期琥珀制品存在着各种各样的残缺，如散乱、残断、磕碰、磕伤、磨伤、崩裂、划伤等都常见。串珠一类的琥珀制品比较容易散乱，当穿系的绳子在墓葬当中腐烂断掉后珠子就会散落一地，很有可能造成不可复原的情况。另外，残缺的情况显然也是主流，许多琥珀断开后，一部分不知所踪。字迹模糊的情况也很常见，琥珀同和田玉等硬度大的玉石不同，它的质地比较软，也很容易受到氧化，所以商周秦汉琥珀之上字迹模糊的情况理论上应是比较严重。

2. 六朝隋唐辽金琥珀

六朝隋唐辽金琥珀完整器有见，数量也不少。因为这些器皿多数是随葬在墓葬当中，而墓葬是一个相对狭小的环境，一些散落的串珠、项链等，珠子和散件比较容易找到，也比较容易复原。如果是遗址之上出土的琥珀串珠等多数不能恢复到原来的模样，这主要是因为遗址的地层非常容易被扰乱，而一旦扰乱之后对于一件串珠来讲，基本上是不能复原了。但其基本串联的方式与当代相似，靠科学推导得出的结论应也可信。另外，残断、磕碰、磨伤、崩裂、划伤等也都比较常见，这一点我们在鉴定时应注意体会。

金珀珠

无时代特征琥珀随形摆件

3. 宋元明清琥珀

（1）完整。宋元明清时期完整的琥珀数量最多，在博物馆、拍卖行、古玩市场和私人收藏品中，我们都发现了数量众多、毫无瑕疵的琥珀。这种情况在其他时期的古琥珀中很少见，特别是明清时期的琥珀。当然这与明清时期距今年代较近不无关系。因此，传世品的数量众多，真的是藏宝于民间。这样宋元明清琥珀得到了最大限度的保护，完整器皿自然就多。

（2）残缺。残缺的情况显然已经不是宋元明清琥珀的主流，但从总量上看依然是不少，许多琥珀都碎了，难以复原。但我们仍能从残片当中识别这是古代琥珀的残片。当然与当代琥珀的碎片相区分，有的是难以辨识。我们来看一则实例，"明代琥珀项链，M29 ：28，原形难辨"（南京市博物馆等，1999）。但无论如何残缺都是宋元明清琥珀之上的一个重要话题。

（3）散落。宋元明清琥珀散落的情况在其残缺中依然是最常见的，这一点很明确。虽然琥珀是不腐的，但是穿系它的绳子却撑不了多长时间，在墓葬当中很快会断裂，从而使琥珀制品散架。如，"明代琥珀项链，M29 ：28，出土时已散落，共见92颗"（南京市博物馆等，1999）。可见这件琥珀项链已经完全散落，需要重新穿系。像这样的例子很多。我们再来看一则实例，"明代琥珀腰带，M1 ：2。共见带板20块，其中尾2块"（南京市博物馆，1999）。可见这件腰带也是这样，各个部件散落一地，例子不再赘述。通常散落简单划分为两种情况，一是散落部件清晰；二是散落部件模糊。严重时我们不能够分清楚散件的造型。

（4）磕碰。有破口的琥珀在宋元明清时期比较少见，这是由琥珀自身的特点所决定的。因为比较软，只要不是受到巨大撞击，磕碰的痕迹都不是很严重，与当代琥珀制品没有太大区别。

琥珀随形摆件

琥珀随形摆件

琥珀随形摆件

（5）裂缝。宋元明清琥珀中有裂缝而未破碎者有见。个别琥珀由于受到外力的影响，会产生裂缝，形成绺裂，通常不是很严重。有的时候是由于其内部结构本身就有微小的绺裂，加之热胀冷缩促使其产生裂缝。鉴定时我们应注意观察。

（6）磨伤。宋元明清琥珀磨伤的情况极少，这是由于琥珀并不是很耐磨所造成的。琥珀的结构很松软，用砂纸轻轻擦拭就可以打磨平整。琥珀的这种特征成为了宋元明清琥珀致残的最大诱因。

（7）字迹模糊。宋元明清琥珀之上有文字的情况很多，但文字模糊的情况很常见，只有少数的文字较为清晰。字迹模糊的原因主要是琥珀不断地氧化，致使琥珀上面的字迹模糊。时间越长，模糊的程度应该越深，当然主要还是与其保护的环境有关。但是，很古老的琥珀上面的字迹有的也特别清晰，这在辨伪时要特别注意。不能说都是伪器，但大多数都是伪造的。

（8）划伤。宋元明清琥珀有划伤的情况很常见，这与琥珀松软的质地有关，用金属或者是比其硬度大的材料稍微一划，琥珀就会有划伤。当然，琥珀材质较为稀少，通常划伤的情况不多见，但也不排除有划伤琥珀出现的可能性。

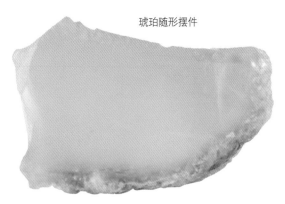

琥珀随形摆件

4. 民国与当代琥珀

民国与当代琥珀基本上完好无损，这与其传世品和当代市场商品的属性有关。传世的琥珀由于比较珍贵，多数存放于国有的文物商店之内，或者是老百姓手里，因此，民国与当代琥珀传世品的特征，真正是藏宝于民间。这样使得民国与当代琥珀得到了最大限度的保护，完整器皿自然就多。当代商品的属性自然是需要完好无损，这一点是无疑的。因此，民国与当代琥珀在完残程度上显然是最好的，残缺、散落、磕碰、裂缝、磨伤、字迹模糊、划伤者只是有见，数量很少。这与其商品的属性密不可分，鉴定时应注意分辨。

琥珀随形摆件

琥珀随形摆件

琥珀随形摆件

琥珀随形摆件

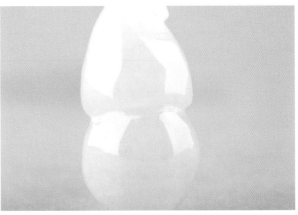

无时代特征马达加斯加红玛瑙平安扣   无时代特征翡翠葫芦

四、伴生情况

伴生情况是指和琥珀一同随葬的器物，也就是一同出土的器物。这对于判断琥珀的质地、功能等都有着重要的意义，是鉴定的一个重要方面。我们来看一则实例，"五代石串饰，LC，M1 ∶ 23，质地有玛瑙、琥珀、翡翠等"（西藏自治区山南地区文物局，2001）。由此可见，古人实际上是将琥珀与玛瑙、珊瑚、翡翠放到同等重要的位置上，这涉及古人对于玉质的认识问题。第一种观点认为只有软玉才是玉，而第二种观点则认为，凡是具有坚韧、润泽、细腻等质地的美石都是玉器，包括硬玉（碱性辉石类矿物组成的集合体），

无时代特征莫莫红珊瑚摆件

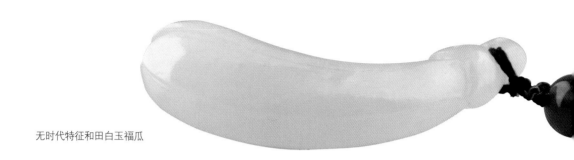

无时代特征和田白玉福瓜

如翡翠和其他质地的宝玉石（如玛瑙、岫玉、琥珀）。这样的观点在今日的民间广为流传，此观点与古人的观点也是不谋而合。如，汉代许慎《说文解字》称玉为"石之美有五德"，所谓五德即指玉的五个特征，凡具温润、坚硬、细腻、绚丽、透明的特点的美石，都被认为是玉。由此可见，古人玉器的概念十分宽泛。五代时期人们对于玉质的认识显然是第二种观点所持的广义概念。这种概念使我们知道了在古人的心目中琥珀不仅是玉器还是珠宝。看来，古人看待琥珀和我们当代是不一样的，在古人看来，琥珀是广义玉器的一种。下面我们具体来看：

血珀串珠

无时代特征琥珀随形摆件

无时代特征琥珀随形摆件

1. 商周秦汉琥珀

　　琥珀在这一时期都被认为是玉，这一点显而易见。我们来看一则材料，"在虢国也被当作玉石来使用，这些材料有岫玉、砗磲、蚌器、琉璃（料制品）、绿松石、玛瑙、水晶、琥珀、红绿宝石、彩石玉等。这也正是西周人玉质观念的生动写照，同时也是鉴定中国古玉器中要特别提请注意的一点"（姚江波，2009）。虢国是周文王同母异弟虢仲和叔的封地，公元前655年被晋国所灭。由此可见，在西周晚期，琥珀的确被认为是玉。秦汉时期这一认识显然没有根本性的改变，这一点我们从琥珀与诸多玉器同时出土这一点上可以清楚地看到。

红玛瑙玉组佩饰·西周

和田玉戈·西周

2. 六朝隋唐辽金琥珀

六朝隋唐辽金时期的琥珀基本上都是作为一种装饰品存在，与其伴生的器物也都是此类。由此可见，六朝隋唐辽金琥珀在伴生性上显然为传统的延续。

3. 宋元明清琥珀

宋元明清时期的琥珀继续作为一种装饰品存在，与其伴生的器物也都是如此。我们来看一则实例，"串饰　9件。M6：21～25，琥珀，呈椭圆形，中间穿孔，长1.1～2.5厘米。M26、27，水晶，M6：26，圆形，直径1.1厘米；M6：27，"串"字形，中间有孔，长2厘米"（南京市博物馆，1998）。由此可见，宋元明清琥珀与水晶制品伴生出土，而我们知道水晶在古代是广义玉器的一种。看来宋元明清琥珀在这一特征上还是延续着传统。

绿松石红玛瑙珠链·西周

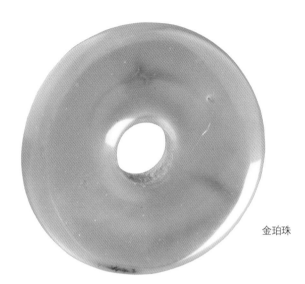

金珀珠

4. 民国与当代琥珀

　　民国与当代琥珀基本上不存在墓葬伴生情况，但与其质地接近的器皿共同出现在市场上，如与蜜蜡共同出现。销售琥珀的柜台通常情况下都会有蜜蜡。其实蜜蜡从本质上应为琥珀，只是中国人以其特有的审美将琥珀中的一部分划出来称为蜜蜡而已。但市场上的确存在着低档的琥珀冒充蜜蜡，也就是冒充高档的琥珀。当你发觉上当后，卖方往往还会振振有词地说："本身琥珀就是蜜蜡吗。"这个时候他告诉你了，但你买的时候他不说。这一点我们在鉴定时需要分辨。

老蜡珠

蜜蜡摆件

蜜蜡摆件

血珀、金珀串珠

五、使用痕迹

琥珀制品的使用痕迹有很多，如表面的包浆痕迹，也就是受到氧化的程度、新旧程度、穿系的磨损程度等诸多方面。琥珀的使用痕迹可以是鉴别老琥珀和新琥珀的重要标准。我们来看一则实例，"西汉琥珀印，M102 ∶ 37，有长期使用的痕迹"（扬州博物馆，2000）。当然琥珀的使用痕迹很多是不明显的，因为琥珀作为真正实用的器皿，如碗、盘等情况很少，一般不会出现像瓷器那样的口磕、足磕、破碎的情况，但是磨伤、划伤的情况有见。另外，也有缺失、缺块的情况。如清代的鼻烟壶有很多盖子可能是别的质地，但是找不到原件，而这些显然也是证明其是来自古代一个证据。再者字迹模糊也是鉴别的一个很重要的标准。由此可见，使用痕迹与缺陷往往有着密切的关联，但显然使用痕迹不是缺陷，它所突出的仅仅是痕迹，这一点我们在鉴定时应引起特别重视。

血珀、金珀串珠

顽石与琥珀平安扣

血珀桶珠

1. 商周秦汉琥珀

商周秦汉琥珀在使用痕迹上特别明显，但由于时代过于久远，痕迹比较容易判断：一是其外表受到氧化影响，色彩比较深，有包浆等；二是穿孔部位有绳子磨损的痕迹，如印章等很多有这样穿孔磨损的痕迹。当然，有残缺也是其有过使用痕迹的明证。但是，残缺是一种偶发现象，并不具备规律性的特征，因此它不是一个固定的鉴定要点。

金珀珠

2. 六朝隋唐辽金琥珀

六朝隋唐辽金琥珀在使用痕迹上特征很明显，和商周秦汉时代琥珀差不多。主要看其包浆和色彩的变化，同时结合明显的使用痕迹，来进行综合性的判断。

3. 宋元明清琥珀

宋元明清琥珀在使用痕迹特征上延续前代，以色彩和包浆的程度判断新老，以磨损和残缺程度的偶见性特征为辅助，来进行综合判断。另外，这一时期很多器物有铭文，因此字迹的模糊程度也是判断的重要标准。

4. 民国与当代琥珀

民国琥珀在使用痕迹上与历代没有太大区别，基本上都是传统的延续。倒是当代琥珀在使用痕迹上较为复杂，其实本身并不复杂，因为刚制作出来的商品，应该没有使用痕迹才对。但是由于自20世纪90年代以来作伪之风日盛，很多当代琥珀被人为地加上了使用痕迹，冒充各个历史时期的琥珀制品，如做包浆等。另外，就是不使用化学法，有的商家将琥珀的手串分发下去，佩戴在不同人的身上，不停地进行挼搓盘磨，之后再收上来冒充老的，这样我们其实就很难判断。但这种盘玩琥珀的方法有一个重要特点，就是包浆过于一致。就是会出现几个一模一样包浆的琥珀，这样我们就可以分辨了。如果见到几个几乎一个样儿的制品摆在一起，显然作伪的痕迹明显。

金珀珠

仿金珀珠

仿金珀珠

仿花珀手串

仿金珀珠

仿花珀算珠

第二节　工艺鉴定

一、穿 孔

无论在古代还是当代，琥珀主要是作为一种饰品存在。而饰品无论是串珠、吊坠还是把件都需要穿孔，进行穿系，以利实用。我们来看一则实例，"明代金龙裹琥珀冠饰，M29 ∶ 27，琥珀上端有一小孔"（南京市博物馆等，1999）。由此可见，穿孔对于琥珀制品具有特殊意义，是洞穿真伪的关键。下面让我们具体来看一下：

1. 商周秦汉琥珀

商周秦汉琥珀在穿孔特征上技术已经相当成熟，这一点毋庸置疑。因为在新石器时代就有了钻孔技术，钻孔技术使得古玉器有了可以系绳之孔，使之可以为人们所佩戴（姚江波，2009）。如玉铲、玉钺等器皿之上都有钻孔，特别是玉璧对钻孔技术要求相当高。以此类推，对于商周时期质地比较软的琥珀制品进行钻孔，是非常容

血珀、蜜蜡串珠

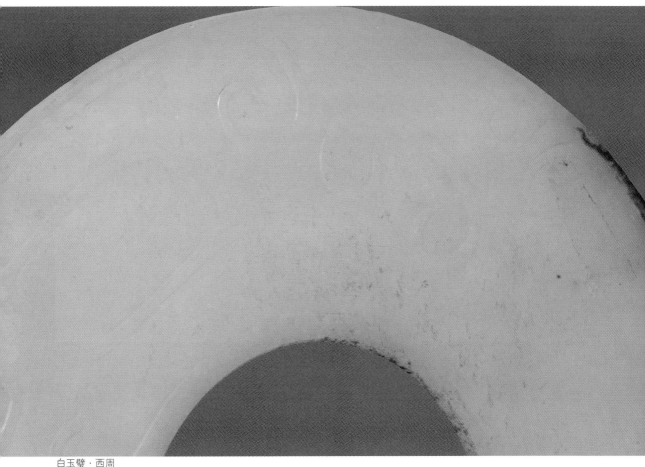

白玉璧·西周

易的事情。秦汉时期琥珀的穿孔应用更为广泛。我们来看一则实例"汉代琥珀饰，穿孔"（广西壮族自治区文物工作队等，2003）。由此可见，秦汉时期琥珀穿孔不仅仅是应用在珠饰上，而且还广泛应用于各种饰品之上，穿孔技术相当成熟，圆度规整，与机械穿孔基本相同，显示了这一时期高超的琢磨工艺。

2.六朝隋唐辽金琥珀

六朝隋唐辽金琥珀穿孔较为常见。我们来看一则实例，五代琥珀串饰，"LC，M1：23，均有穿孔"（西藏自治区山南地区文物局，2001）。该器物的造型是串饰，每一个串饰的组件都应该有穿孔，这一点很明确。通常情况下这一时期琥珀在穿孔特征上精益求精。钻孔并不影响其美观，可以说是实用与装饰之美结合的典范。六朝隋唐辽金琥珀穿孔出彩之处在于穿孔位置的多样化，目的自然是为了使器物造型达到最佳的状态。我们来看一则实例，"六朝琥珀管，M4∶41，两端穿孔"（南京市博物馆等，1998）。这并不是一个孤例，在同一座墓葬当中还出土了一件"六朝琥珀狮，M4∶39，两端穿孔"，可见这件琥珀狮也是两端穿孔。同一个墓葬当中不同器物造型使用两端穿孔的形制，显然说明了六朝隋唐辽金琥珀两端穿孔这一穿孔布局的流行。这是六朝隋唐辽金琥珀在穿孔上的重要特征。当然，更多的还是中间穿孔的造型，这一点不可置疑。我们来看一则实例，"六朝串饰，M6∶21～25，中间穿孔"（南京市博物馆，1998）。由此可见，这几件器物都是中间穿孔，这样显然是为了保证琥珀制品的平衡与造型之美。总之，穿孔与当代十分相似，区别可能只是手工与机械的区别，鉴定时应注意分辨。

3. 宋元明清琥珀

宋元明清琥珀在穿孔特征上继续延续传统，但是两端穿孔的情况逐渐退化，大量存在的是一端穿孔、中间穿孔的造型。比如，吊坠多是在一端的中间穿孔，十分讲究对称，讲究穿孔与造型融为一体的感觉，精美绝伦，美不胜收。另外，宋元明清琥珀在穿孔上应用也是十分广泛，可以说是突破了传统。有很多我们意想不到的地方都会有穿孔。我们来看一则实例，"明代金龙裹琥珀冠饰，M29∶27 从背面如意云头上的穿孔分析"（南京市博物馆等，1999）。由此可见，穿孔是在纹饰之间进行，这一点显然是突破了传统，巧妙地将穿孔同纹饰结合在一起。

血珀桶珠

金珀珠

琥珀平安扣

琥珀平安扣

4. 民国与当代琥珀

民国与当代琥珀在穿孔特征上基本上延续前代，非常规整，特别是当代有穿孔的琥珀制品更是圆度规整，整齐划一，非常标准。这是因为绝大多数孔都是机打，如串珠孔的大小都一致，在位置上基本也是这样，比较规整，讲究对称。一般的摊位上都有打磨的小型机械，但这种小型的机器只能钻一些很简单的小孔，如串珠、项链、隔珠等类的小孔，复杂一些的穿孔需要到专门制玉作坊去钻。手镯、平安扣、串联挂件等都显示了当代超越以往任何时代的高超穿孔技术。鉴定时应注意分辨手工打孔和机打的区别，核心是机打穿孔之间相似性非常强，有的甚至完全一样，但手工穿孔则是每一个穿孔大致形似，但具体有细微的区别，而且有手工钻磨的痕迹。

血珀桶珠

血珀、金珀串珠

血珀串珠、哥窑碟（三维复原色彩图）

二、打 磨

打磨是琥珀做工的重要环节。琥珀不打磨不成器，这一点特别明显。不打磨的琥珀可能就像是肾状或拉长状的石头，但是一旦打磨抛光后其本身的色泽就表现出来，手感润泽，通体闪烁着非金属的淡雅光泽，美不胜收。无论古代还是当代的琥珀在打磨上都是精工细琢磨，这与其材质珍稀有关，琥珀过于稀少，人们在制作时都非常重视，在打磨上更是精益求精。另外，琥珀的硬度较低，客观上打磨起来也比和田玉等硬度比较大的玉石要容易得多，因此，无论手工还是机械打磨都能使琥珀露出真容。我们来看一则实例，"西汉琥珀印，M102 ： 37，印的边角光滑圆润"（扬州博物馆，2000）。这是一件汉代琥珀印章，从其边角都被打磨得光滑圆润这点上我们可以看到当时人们对于打磨的重视。

血珀、金珀串珠

琥珀随形摆件

琥珀平安扣

1. 商周秦汉琥珀

商周秦汉琥珀的显著特点是在打磨上精益求精。从发掘出土的汉代琥珀制品上看，多数器皿打磨都是全方位的，基本上不留死角。在打磨方法上，商周时期应该是手工和机械相互结合。制作简单器物时一般采用手指操纵即可；而复杂的器物的制作，如圆雕的器物，一般都需要砣轮打磨。在同一件器物之上应该也是这样，手工和简单机械相互配合作业。早期砣轮多是青铜砣轮，而汉代应该使用的是锻铁砣轮。砣轮的使用使得复杂器物的制作成为可能，是玉器的生产和石器的生产分离的标志之一，同样对于琥珀的制作也是这样。总之，商周秦汉琥珀在打磨上表现得非常好。

血珀、蜜蜡串珠

血珀珠、加里曼丹 90％ 沉香灯〔三维复原图〕

2. 六朝隋唐辽金琥珀

六朝隋唐辽金琥珀在打磨和抛光上也是非常好的。一件复杂器物要全方位打磨，简单机械够不着的地方采用手工打磨，通常得使用砣轮制作。大多数古玉器打磨得都相当仔细，圆度规整，精美绝伦。只有少数古玉器打磨得不是很好，但优与劣的区别在于琥珀质地的好坏以及造型的大小。通常情况下大料的琥珀造型打磨得更为仔细，在质地上料子越优良，打磨越仔细。但这一特点需要仔细地观察和揣摩，并不容易掌握，我们在鉴定时应注意。但是基本上六朝隋唐辽金时期对于琥珀的打磨做得还可以，这是由其自身的性质所决定的，因为本身琥珀比较容易打磨和抛光。

3. 宋元明清琥珀

宋元明清琥珀在打磨上延续传统，基本上是精益求精，几无缺陷，彰显了其高超的打磨技艺。特别是明清时期有很多雕刻复杂的器物出现，如清代最为常见的鼻烟壶。这些鼻烟壶有的外面雕琢着浅浮雕的纹饰图案，打磨得异常精细，非常到位，纹饰线条两侧打磨也异常仔细，纹饰与整个器物造型融为一体。我们的感觉就是该造型上的纹饰很自然，像不曾雕琢过一样，恍然如梦的感觉油然而生。

血珀串珠

血珀桶珠

血珀、蜜蜡串珠

4. 民国与当代琥珀

民国琥珀在打磨上依然延续前代，特别是与清代比较相像，但是在工艺上却不及清代细致，不过在打磨上也找不出明显的缺点。这一点我们在鉴定时应注意分辨。

金珀珠

金珀珠

血珀、蜜蜡串珠

当代琥珀制品对于打磨相当重视，打磨仔细，极为重视细节，不放过任何死角，通体打磨干净。无论大小件玉器，只要是露在外面的都要做抛光处理。目前我们在市场上看到的琥珀基本上都是这样，从一个隔珠到复杂山子浮雕造型，在打磨上基本都没有缺陷。出现这种盛况的原因主要有三点：一是传统的延续，任何琥珀制作都秉承传统，打磨得极为细致；二是琥珀本身的硬度比较低，比较容易打磨，这是其自身固有的特点；三是电动化机械化制作，这是以往任何一个时代都不可比拟的，高科技的应用使得琥珀更加熠熠生辉。特别是电动砣轮的出现，可以无限制地打磨和抛光琥珀制品。我们可以想象古人用脚蹬转动砣轮进行打磨是多么麻烦的一件事情。总之，当代琥珀在打磨和抛光上达到了一个新的高度，是古代所不能比拟的。

血珀、金珀串珠

血珀、蜜蜡串珠

三、镶 嵌

琥珀的镶嵌是非常普遍的情况，镶嵌也是琥珀工艺当中很重要的一种。我们来看一则实例，"明代琥珀饰件，M1∶10，花形帽的花瓣上镶有宝石"（南京市博物馆，1999）。由此可见，这件琥珀是与宝石共同组合而成的。当然，与琥珀镶嵌在一起的材质很多，如金、银、玉、水晶等都有见。目前市场比较常见的琥珀项链、吊坠等，常常是将天然琥珀做成各种造型后用银镶嵌，像蓝珀吊坠用925银镶嵌就比较流行。另外，用925银镶嵌琥珀的戒指也是比较常见。总之，镶嵌是琥珀作为装饰品的重要工艺。

1. 商周秦汉琥珀

商周秦汉琥珀发现比较少，但镶嵌工艺理论上应该是有见，因为最晚在夏商之际就有见镶嵌饰品，"装饰品有镶嵌绿松石的圆铜牌，看来夏代青铜器的造型主要是以武器和一些实用器为主，实用器的气氛较浓"（姚江波，2009）。但是明证比较少，我们在鉴定时应注意分辨。

2. 六朝隋唐辽金琥珀

六朝隋唐辽金琥珀在镶嵌工艺上也是不明确的。当然这一时期的技术完全没有问题，但镶嵌琥珀是否在六朝隋唐辽金时期已经蔚然成风呢？这一点尚不确定，有待更多的证据出现。

3. 宋元明清琥珀

宋元明清琥珀在镶嵌上已经是蔚然成风，各种各样的镶嵌琥珀制品出现了，特别是明清时期的琥珀这一点非常明显，主要以戒指、项链、手镯等为常见。我们来看一则实例"金链琥珀挂件，1件（M3∶2）。金链上挂三角形紫红色琥珀一块"（南京市博物馆，1999）。由此可见，这件器物是由金、琥珀两种材料结合在一起成器，金嵌琥珀结合器在明代多属首饰的范畴，而首饰具有两大特点，一是它的贵重性，二是它的实用性。二者结合在一起就构成了一件首饰，这类例子在明清时期很多。总之，镶嵌琥珀似乎成为宋元明清的一大特点，不过镶嵌并不是琥珀造型最终所要追求的目标，但这起码说明人们对于琥珀的认识越来越朝着贵重化的方向发展。

4. 民国与当代琥珀

民国与当代琥珀制品中，镶嵌的使用更为普遍。传统的戒指、项链等很多镶嵌琥珀，特别是当代琥珀在造型和花样上再创新高，金、银、钻、水晶、珠宝等两种以上镶嵌者增多，如银嵌耳钉、琥珀花戒指等产品在市场上较为常见。从形状上看，琥珀被做成橄榄形、椭圆形、各种花形等的造型被镶嵌进去，非常简洁，讲究对称。镶嵌琥珀的首饰，充满着珠光宝气，亦真亦幻，抓住了当代人们的心理共性，使得人们如痴如醉，体现了现代镶嵌玉的高超技艺水平。

沉香壶与血珀手镯（三维复原色彩图）

四、纹 饰

琥珀在纹饰上特征相当明显，琥珀光素者以造型取胜，但一旦琥珀有纹饰者常以纹饰取胜，所以纹饰基本上都雕刻得尽善尽美。从题材上看，各种弦纹、花卉纹、瓜棱纹、人物、龙纹、舞狮、渔翁、婴戏、诗文、山石、波浪、海水江牙、花草、莲瓣纹、仰莲、覆莲、缠枝莲、折枝莲、宝相花、柿蒂纹、牡丹、忍冬、蔷薇、梅花、兰花、树木、蕉叶纹、叶脉纹、竹、果蔬、瑞兽、鱼纹、牛纹、虎、豹、兔、鹿、驼、狮、蝙蝠、鸭、鹅、鸟纹、鸳鸯、燕、喜鹊、鹤、蛙、龙、蜻蜓、蝴蝶、蝉、生肖、侍女、八仙、历史故事、神话故事、博古纹、合和二仙、杂宝、吉祥图案、观音、弥勒、佛教题材、道教题材等应该都有见。因为琥珀发掘出土的很少，基本上不太能够概况出一个纹饰题材范畴，但根据已出土器物所显示，以上纹饰的确都是有可能见到的，而且这一点贯穿于整个琥珀纹饰之中，可见其纹饰之丰富。然而，这些纹饰显然都似曾见过，仔细分析，这些纹饰的来源显然都是传统纹饰的延续，看来琥珀在纹饰题材上借鉴的成分比较多，但同时对这些纹饰进行了融合提升，使之成为较为适合琥珀题材的纹饰类型。当然这些纹饰看起来比较杂乱，这可能是由于不同时代人们对于纹饰的不同追求有异所致。其实，如果我们对琥珀纹饰做统一的分析会发现，显然琥珀在纹饰上也就是分为几类，如弦纹、几何纹、花卉纹、草叶纹、人物、瑞兽、山石等大类，只是

琥珀蜜蜡如意

在这些纹饰之下还会衍生出诸多不同的衍生性纹饰，比如，弦纹会衍生出一周凹弦纹、两周凹弦纹、三周凹弦纹、多周凹弦纹、环饰凹弦纹、不规则凹弦纹、隐约凹弦纹等；几何纹可以衍生出同心圆纹、羽毛纹、网格纹带、波浪纹、蓖纹、刻划蓖、凸印纹、附加堆纹、海浪纹、齿纹、锯齿纹、条线锯齿纹、回纹、一周锯齿纹等；草叶纹可以衍生出劲草、蝈蝈戏草、卷草纹、四组卷草纹、印四组卷草纹、叶纹、叶脉纹、花叶纹等；花卉纹可以衍生出枝花、刻划枝花、一枝花卉纹、不知名雕刻花卉纹、菊花纹、缠枝菊花纹、缠枝花卉纹、折枝花卉纹、蓖纹折枝花、花瓣纹、花之间刻枝蔓纹等，可见衍生纹饰之繁盛。但在鉴定时我们要从繁杂的纹饰题材中脱离出来，因为单个文物的纹饰总是具体的。我们具体来看一则实例，"明代琥珀饰件，M1∶10，上刻瓜棱纹"（南京市博物馆，1999）。由此可见，这件琥珀之上主要是瓜棱纹，这种纹饰在唐宋时期的白瓷之上较为常见，这时应用到了明代的琥珀饰件之上，可见琥珀在纹饰借鉴上的确是非常广泛。但再广泛也有个来源，这个来源我们一定要搞清楚。我们可以看到有很多拍品，在工艺等各个方面几乎看不出问题，但是唯独在纹饰的题材上往往显露马脚，就是因为纹饰题材没有来源，这一点我们在鉴定时应注意分辨。下面我们具体来看一下：

纹饰线条流畅琥珀蜜蜡如意

1. 商周秦汉琥珀

商周秦汉琥珀在纹饰种类上十分丰富，在纹饰题材上主要是借鉴商周青铜器、玉器之上的纹饰，如同心圆、弦纹、羽毛纹、绳纹、乳丁纹、网格纹、锯齿纹、蕉叶纹、水波纹、联珠纹、兽纹等应该都比较常见。但商周秦汉琥珀发现数量太少，所以这一时期琥珀具体的纹饰特征还很难判断，但从理论上分析基本上题材就是这样。下面我们来看一则实例，"西汉琥珀印，M102 ：37，印面上为线刻阴文"（扬州博物馆，2000）。这应该是字纹的一种，手法娴熟。从构图上看，讲究对称，简洁明了，十分精细，线条韵律自然流畅，刚劲挺拔，可见雕刻技法之娴熟。在雕刻手法上，不仅有片雕、半圆雕、圆雕，还广泛使用了镂雕等。

2. 六朝隋唐辽金琥珀

六朝隋唐辽金琥珀在纹饰种类上特征比较明确，弦纹、网格纹、锯齿纹、蕉叶纹、水波纹、联珠纹、兽纹等都有见，线条流畅，雕刻凝练，图案讲究对称，构图合理，一般以简洁为主。有纹饰的琥珀制品并不是很常见。看来，在六朝隋唐辽金时期琥珀并不是以纹饰取胜。从写实性上看，这一时期的琥珀以写实为主。从装饰纹饰位置来看，不多的出土实物纹饰显示多是在显著位置。

3. 宋元明清琥珀

宋元明清琥珀在纹饰上逐渐丰富起来，从这个时期开始纹饰真正走向了繁荣，形成了造型、工艺、纹饰并重的琥珀制作工艺。我们来看几则实例，"明代琥珀腰带，M1 ：2，上雕人物舞狮图案、狮子均由一人用绳牵引"（南京市博物馆，1999）。由此可见，宋元明清琥珀在纹饰题材上不再是单独线条或花卉，而是较为复杂的场景。上例表现的是舞狮的场景，描绘了一个完整的场面，可见这个画面非常生动，而且动作连续不断，动感十足。我们继续来看这件器物的描述，"作卧、蹲、跑、回首顾盼、前腿上举等不同姿态"，看来生命感、动感是其显著特征，写实性比较强，栩栩如生是其最为鲜明的写照。从构图上看，这一时期琥珀之上的纹饰构图合理、讲究对称，同时也讲究纹饰衬托造型。我们来看一则实例，"明代金龙裹琥珀冠饰，M29 ：27，龙为三爪，昂首，头尾相交处置红宝石各一颗，龙身周围附以云朵环绕"（南京市博物馆等，1999）。

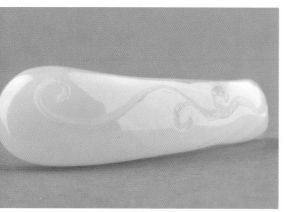

琥珀蜜蜡如意　　　　　　　　　　琥珀蜜蜡如意

这就是一个很好的例子，在冠饰当中为了配合龙的形象，在龙的周围用云纹环绕，纹饰与造型实现了相互的配合。另外，从动感上看，明清时期琥珀纹饰十分讲究动感，特别是对于一些复杂的纹饰。我们来看一则实例，"明代琥珀杯，M3：53，杯外透雕渔翁、鱼篓、鱼鹰等，渔翁右手扶于杯沿，左手抓一条鱼，身体向外倾斜而构成把手"（南京市博物馆，1999）。这一画面动感非常强烈，动作连贯，将渔翁抓鱼的动作描绘得淋漓尽致，栩栩如生，具有极强的写实性。以上实例十分常见，实际上这种场景式样的图案已经成为明清琥珀纹饰的主流特征之一。

4. 民国与当代琥珀

民国与当代琥珀在纹饰上特征相当明晰，从传世的民国琥珀制品上看，民国琥珀在纹饰上与绘画艺术相结合，产生了全景式的立体雕件。较为大型的如山子等，层峦叠嶂，亭台隐于山林之间，构图合理，对比强烈。传统的绘画艺术与立体的琥珀雕件结合在一起，全景式的立体雕件有着平、深、高等多层次的艺术效果，且比例尺寸掌握得十分恰当，多为精美绝伦之器。当然民国琥珀在纹饰题材及雕刻手法上更多的是继承，创新不是很多。当代琥珀在纹饰上取得了相当大的成就，是民国琥珀不能相比的，当代琥珀在延续前代的基础上，主要延续了明清时的纹饰题材及雕刻风格。在题材上不仅仅有全景式的大型雕件，同时也有传统的花卉纹、动物纹、人物故事、婴戏、生肖、侍女、八仙、历史故事、神话故事、博古纹、合和二仙、杂宝、吉祥图案、观音、弥勒、佛教题材、道教题材等，可以说是集大成之作。而且与古代不同的是，当代琥珀雕件非常多，这些纹饰题材出现的频率达到了历史最高水平，基本上非常常见，这与当代琥珀料大量的进口、原料之多达到了历史上任何一个时期都无法比拟的程度有关。从构图上看，构图合理，讲究对称，繁缛与简洁并举。线条流畅，自然、刚劲、有力，多数雕琢精细，具有极高的艺术水平。当代琥珀纹饰在雕琢上比较复杂。这主要是由于机雕的出现。优点是大量的琥珀制品有纹饰，而且现在都是电脑操控，轻按键盘系统自动就可以对牌饰之类的器物进行雕刻，纹饰几无缺陷，和电脑上的模板一样，避免了因手工雕刻所带来的不确定性。但不好的一点是机雕作品千篇一律，纹饰图案都一样，失去了工匠精工雕琢的创造。当前市场上大量的是这一类作品，优点是价格便宜、漂亮，也得到了很多人青睐。因为对于琥珀制品来讲，料是很重要的方面，很多人认为只要料子可以，纹饰机雕都一样也没有关系。其次是机雕和手工结合而成的琥珀制品，这类产品在纹饰雕刻上有见人工雕琢的情况。一般是比较好的料子，才会出现这种情况。这样的琥珀制品非常漂亮，工匠将其对花卉、人物故事等的理解，加入当代先进理念，完美地倾洒在琥珀纹饰之上，目前市场上有一部分这样的精品。还有就是完全人工制作的作品，这类琥珀制品慕古的思想比较严重，多数纹饰精雕细琢，多为工艺美术大师所雕刻的作品，数量非常少，价格也非常高，但是有着很高的艺术价值。总之，当代琥珀十分重视纹饰的雕琢。

琥珀蜜蜡如意

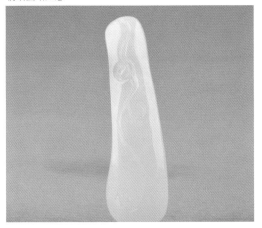

琥珀蜜蜡如意

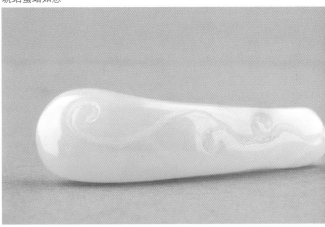

琥珀随形摆件

血珀桶珠

琥珀随形摆件

琥珀随形摆件

琥珀随形摆件

金珀珠

五、色 彩

琥珀的色彩十分丰富，常见的琥珀色彩有红色、血色、枣红、深红色、橘红色、蓝色、蓝紫色、紫红色、青色、褐色、米色、米白色、红色略泛褐、鸡油黄、白色、金黄色、棕色、黑色、蛋青色、紫色、绿色、咖啡色、浅黄色、土色。由此可见，琥珀在色彩上是相当丰富的，涉及了众多的色彩类别，但这些色彩主要是由于埋藏环境的不同所造成的。如埋藏环境内有铁或者朱砂一类的物质，那么就有可能琥珀受到侵染后具有以红色为基调的色彩。如棕红、铁红等，

血珀、蜜蜡串珠

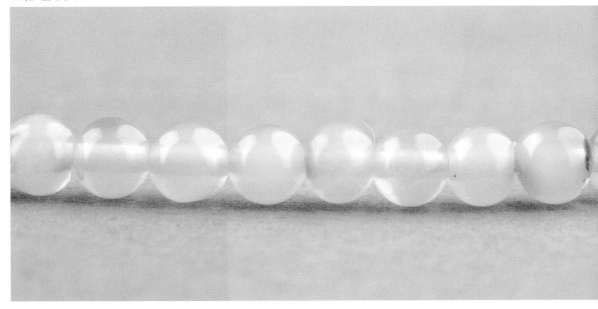

琥珀随形摆件

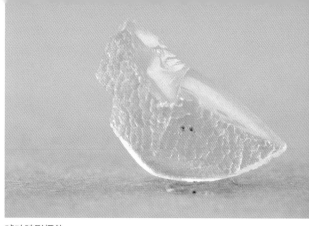

琥珀随形摆件

仿花珀手镯（三维复原色彩图）

总之埋藏环境不同，或经风吹雨淋，琥珀都有
可能形成各种各样的色彩。人们还根据这些色
彩将其分类定名，如将白色的琥珀称为骨珀、将
蓝色琥珀称为蓝珀、将各种色彩相间的琥珀称为花珀等等。从数量
上看，红色为基调的枣红等老琥珀处于偶见的状态，只是在一些墓
葬当中有见，诸多墓葬当中并没有随葬琥珀，但从数量上看红色的
琥珀在数量上至多也就 1 到 2 件，在数量上也并不是很丰富。由此
可见，红色基调的老琥珀在总量上也不丰富，基本上不成规模。蓝色、
深红色、蓝紫色、米色、紫红色、青色、褐色的琥珀在数量上有集

琥珀随形摆件

琥珀随形摆件

琥珀随形摆件

中出现的特点。如多米尼加盛产蓝珀；而波罗的海沿岸国家盛产鸡油黄及黄色调为主的琥珀。我们在鉴定时应注意分辨。从时代上看，琥珀色彩在时代上特征鲜明。商周秦汉时期琥珀在色彩上比较单一，而随着时间的推移，琥珀的色彩逐渐丰富，直至当代，琥珀色彩达到极为丰富的程度，几乎以上琥珀的色彩都有见。从精致程度上看，琥珀色彩与精致程度有一定的关系。枣红的色彩有可能是老蜡，自然珍贵，精致程度就高；而浅黄色的琥珀，由于数量比较多，所以基本上以普通和粗糙的器物多见。从复合色彩上看，琥珀真正纯正

琥珀碗（三维复原色彩图）

琥珀碗（三维复原色彩图）

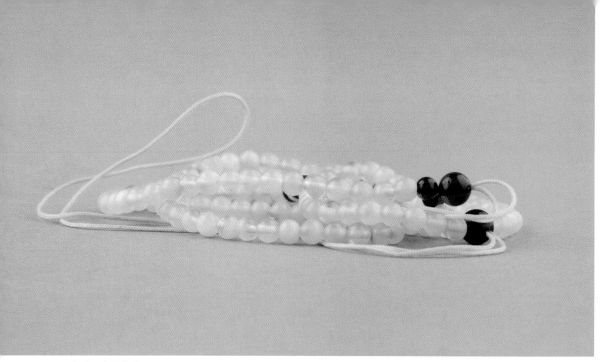

血珀、蜜蜡串珠

的色彩非常之少，所以琥珀色彩的纯正程度也是判断琥珀品质的重
要方面，色彩纯度越高，琥珀品级越好。多数琥珀在色彩上实际是
一个复杂的色彩渐变体，有的时候如果我们在一件琥珀作品上仔细
分，可以分出很多渐变性的色彩。多种色彩共同组成一件琥珀的色彩，
如蓝紫色、紫红色等等，都是人们对于其主流色彩的观察。我们
来看一则实例，"明代金链琥珀挂件，M3：2。金链上挂三角
形紫红色琥珀一块"（南京市博物馆，1999）。由此可见，琥
珀在色彩上的复杂程度。从色彩纯正程度上看，色彩纯正的
琥珀较为少见，也最为名贵，特别是一些色彩品种较少的
色调，如纯正的红色、蓝色、绿色等都是"物以稀为贵"。
但人们对于色彩种类的认识是不断变化的，如近些年
来鸡油黄、枣红等色彩已是非常名贵，而这些色彩
在以往并不是很名贵。但无论什么样的色彩，色
彩纯正程度都是判断其名贵于否的重要标准。下
面我们具体来看一下不同时代的琥珀在色彩上的
区别。

琥珀随形摆件

琥珀随形摆件

琥珀随形摆件

琥珀随形摆件

血珀桶珠

金珀珠

1. 商周秦汉琥珀

商周秦汉琥珀各种色彩都有见，但实际上真正的黄色琥珀并不多见。因为在当时很难想象可以到波罗的海沿岸国家去进口这些原石，所以色彩主要以红色、橘红、深黄等一类为主。我们来看一则实例，"西汉琥珀印，M102：37，橘红色琥珀质"（扬州博物馆，2000年），由此可见，这件琥珀在色彩上呈现出的是橘红色，当然这可能不是琥珀真正的本色，有可能是厚厚的包浆的色彩，因为毕竟从西汉代到现在已经过去了数千年，表面的色彩有略微的改变不足为奇。总之，这一时期的色彩以深色调为显著特征。

2. 六朝隋唐辽金琥珀

六朝隋唐辽金琥珀在色彩上主要以深色调为主。我们来看一则实例，"六朝琥珀管，M4：41，深红色"（南京市博物馆等，1998）。同一墓葬当中还出土有一件"六朝琥珀狮，M4：39，深红色"。由此可见，该墓出土器物中的两件都是深红色，可见深色调在六朝隋唐辽金时期琥珀当中所占比例较大。总之，这一时期的琥珀在色彩上基本上与前代相同，因为本身琥珀原料在来源上没有太大改变，想必色彩与我们当代也基本相同，在此就不再赘述。

琥珀镯（三维复原色彩图）

无时代特征琥珀随形摆件

3. 宋元明清琥珀

宋元明清琥珀在色彩上有增加的趋势，但这种增加显然并不明显，依然是深色调传统的延续。我们来看一则实例，"明代琥珀腰带，M1：2，琥珀带板皆呈紫红色"（南京市博物馆，1999），再来看一则实例，"明代琥珀杯，M3：53，用一整块紫红色琥珀雕琢而成"（南京市博物馆，1999）。由以上两例可见，紫红色这一传统色彩依然是琥珀当中最常见者。当然，还有其他的色彩，因为色彩本身已经不是琥珀自身的色彩了，主要还是受到埋藏环境的影响。我们再来看一则实例，"明代琥珀项链，M29：28，红色略泛褐"（南京市博物馆，1999）。由此可见，这件藏品在墓葬当中可能受到的侵蚀比较大，所以在色彩上有由红色向褐色变化的可能性。

琥珀随形摆件   琥珀随形摆件

血珀、金珀串珠

4. 民国与当代琥珀

　　民国与当代琥珀在色彩上特别丰富，红色、枣红、橘红色、蓝色、深红色、蓝紫色、米色、紫红色、青色、褐色、米白色、红色略泛褐、鸡油黄、白色、棕色、黑色、蛋青色、血红、紫色、绿色、咖啡色、浅黄、土色等色彩基本上都有见，当然主要是以当代为多。明清时期的琥珀在色彩上并不是很丰富，基本上还是延续前代，以深色调为主。

琥珀平安扣

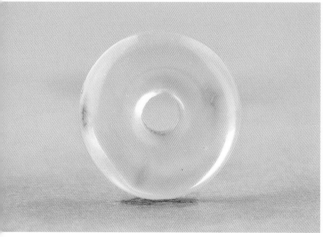

琥珀随形摆件

琥珀随形摆件

琥珀随形摆件

琥珀随形摆件

当代琥珀不仅色彩众多，而且与传统有相悖之处，由过去枣红、深红、橘红、紫红等深色调，变成了以浅黄、鸡油黄、橙黄等黄色调为主。从数量上来看，黄色调在市场上完全占据了主流，甚至人们一提到琥珀就会想到黄色。当然，当代琥珀之所以出现如此大的改变，主要与当今社会盛世收藏有关。由于收藏热的兴起，琥珀逐渐作为一种收藏投资品在市场上出现，所以我们进口了历史上前所未有数量的琥珀原料，而且大多数是来自波罗的海沿岸国家。而波罗的海沿岸琥珀原石大多数是呈现出黄色调，当然也有其他的色彩。但是中国人似乎对于黄色有着偏爱，黄色原石在中国的销售一直处于领先地位，所以黄色琥珀数量越来越多。不过当代琥珀的黄色，即所谓的浅黄、橘红、橙黄、鸡油黄等色彩也并非是纯正的色彩。琥珀本身就是一种有机宝石，所以在色彩上也是不断地在进行细微的渐变，在色彩上并不纯正，但通常渐变都非常自然。由此便衍生出一个很重要的鉴定要点，就是如果我们发现色彩完全是纯正的浅黄或者是鸡油黄等的琥珀，显然是伪器。但是如果发现色彩渐变不自然的琥珀，显然也是伪器。

血珀桶珠

六、文 字

琥珀制品书写文字的情况有见，但早期琥珀比较多的文字是印章印文和吉祥语。我们来看一则实例，"汉代琥珀饰，仅辨出：'黄□□印'"（广西壮族自治区文物工作队等，2003）。可见这是一件印章。由于墓葬内的侵蚀以至于文字模糊，四个字只能识读两个字。当然，这与琥珀自身容易氧化也有关系，有的时候没有腐蚀，在经历长时间后，其上面的文字也不能辨认。这一点我们在鉴定琥珀文字时应注意分辨。琥珀制品晚期内容丰富，写实与写意的情况都有见。下面我们具体来看一下：

琥珀随形摆件

琥珀随形摆件

琥珀随形摆件

1. 商周秦汉琥珀

商周秦汉琥珀在琢刻文字上特征非常鲜明，就是以吉祥语、印文为主。我们来看一则实例，"西汉琥珀印，M102∶37，'常乐富贵'四字"（扬州博物馆，2000）。可见在西汉时期"常乐富贵"已成为人们所追求的常态，并将其铭刻在了印章之上，可见其已经达到了带印章足以明志的程度。当然更多的内容还是归于印章。我们再来看一则实例，"汉代琥珀印章，M5∶83，印文为篆书刻的，'黄昌私印'"（广西壮族自治区文物工作队等，2003）。这件印文的内容很清晰，就是一个私人印章。由此可见，印章的功能在汉代十分强大。这件印章的"印文已模糊"，但依然可以看清楚印文，可见保存不错。由此也可见，商周秦汉琥珀用作印章的情况比较常见，不过除了印章之外，这一时期琥珀中出现文字的情况同我们当代一样比较少见，看来文字只是在特定的器物之上出现。

2. 六朝隋唐辽金琥珀

六朝隋唐辽金琥珀在琢刻文字上基本上延续了前代，不再赘述，显然是以印章的印文为主。由此也可见，六朝隋唐辽金时期琥珀文字主要是配合其实用功能展开。

3. 宋元明清琥珀

宋元明清琥珀在琢刻文字上基本还是以印文为主，延续前代的传统，但有改变的是文字琢刻的范围有所扩大。我们来看一则实例，"明代金链琥珀挂件，M3∶2，反面刻，瑶池春熟，四字"（南京市博物馆，1999）。由此可见，这一时期琥珀在文字上扩展到了挂件，而我们知道挂件的范畴广泛，但是这一时期真正挂件之上琢刻文字的情况还真是不多。因此宋元明清琥珀在文字上扩大化的趋势显然只是一种趋势，而并不是真正的泛滥。但文字显然是扩大化了，如，在清代我们常常可以看到一些鼻烟壶上有完整的诗文，以小见大，分外有情趣。

琥珀平安扣

血珀、蜜蜡串珠

琥珀随形摆件

琥珀镯（三维复原色彩图）

4. 民国与当代琥珀

　　民国时期琥珀在文字上基本继承了前代，以印章、鼻烟壶等为主，其他器物造型则少见，内容上印文、诗文等都有见。由于和清代很相近，就不再赘述。当代琥珀上的印文还是很重要的一个方面，但是扩大化的趋势在继续，与前代不同的是文字琢刻真正实现了随意性，可以在琥珀的任何地方琢刻文字，如在佛珠之上琢刻文字，在每一个珠子之上琢刻；也有的在平安扣上琢刻一周，如目前市场上常见的几字箴言等；当然也有的会在生肖牌上琢刻生肖的名称、在供佛杯上刻上一个大大的"佛"字等。由此可见，当代琥珀真正实现了文字琢刻的扩大化和随意化，题材新颖、内容丰富是其特征，鉴定时应注意分辨。

仿金珀碗（三维复原色彩图）

琥珀碗（三维复原色彩图）

琥珀平安扣、钧瓷玫瑰紫釉灯（三维复原图）

七、做　工

　　做工是古琥珀鉴定的重要手段。要将硬度很大的琥珀制作完美是一件非常困难的事情，需要精益求精、一丝不苟，因此做工辨伪是古代琥珀辨伪中最重要的一个环节。不同时代、地域、出土地点、琥珀礼器、陈设装饰等在做工上都会有一些差别，这些差别互相渗透，相互影响，形成了一个复杂的鉴定体系。但在鉴定过程当中要注意把握住主流，也就是琥珀在做工上的高度。这很重要，因为在某一历史时期内达不到一定水平的古琥珀通常多是伪器。比如，古代琥珀打磨不仔细者多为伪器；琥珀礼器做工精益求精，无矫揉造作者，如有则为伪器；古代琥珀造型无双，没有两件相同造型的琥珀，这是由古琥珀手工琢磨的固有特征所决定的，反之则为伪器；从雕刻手法上鉴定，古代琥珀不仅有片雕、半圆雕、圆雕，还广泛使用了镂雕，多数是精美绝伦之器。从工艺特征上看明清琥珀较为成熟，如"明代琥珀腰带，M1∶2，皆以琥珀雕刻而成，其雕工精致，雕刻工艺精湛"（南京市博物馆等，1999）。我们再来看一则实例，"琥珀杯1件（M3∶53）。用一整块紫红色琥珀雕琢而成。杯外透雕渔翁、鱼篓、鱼鹰等，渔翁右手扶于杯沿，左手抓一条鱼，身体向外倾斜而构成把手，造型生动别致。杯口径7、高4、连把长13.6厘米"（南京市博物馆，1999）。由此可见，这杯子是在外部整体透雕而成，达到了相当的意境，具有神奇的艺术效果。像这样的琥珀雕件作品在明清两代还有很多，其他更多的实例就不再赘述。由此可见，明代琥珀在做工上是精益求精，几无缺陷。实际上，明代只是一个缩影，商周秦汉、六朝隋唐辽金、宋元明清琥珀在工艺上都是精工细琢。当代琥珀在工艺上也是精益求精，达到了一个较高的水平。特别是机雕和人工结合起来，创作了许多非常具有水平的作品。各种工艺

琥珀平安扣

血珀桶珠

手法基本都有使用，常见的主要有圆雕和片雕。圆雕就是立体的；片雕指的是平面的、片状的琥珀；圆雕可以雕塑较大的琥珀，而片雕一般都是雕琢一些较小的造型。片雕的作品中佩饰和牌饰常见。另外，在明清时期透雕的作品也常见，浮雕的情况也常见，不过多是在较大的琥珀上使用，如山子或者是其他摆件等，一般单独使用的情况不是很多。镂空的情况也常见，多用于穿透性的花纹或其他装饰。另外，阴刻、阳刻、钻孔、画样、锯料、抛光、挖凿等手法都常用。由于琥珀较软，所以很容易雕刻，纹饰线条流畅、刚劲有力。

琥珀碗（三维复原色彩图）

八、功 能

琥珀在功能上的特征比较复杂，总的来看是以陈设装饰的功能为主，实用的功能为辅。这一点实际上在东汉时期就是如此。我们来看一则实例，"汉代琥珀饰，兼作印章"（广西壮族自治区文物工作队等，2003）。由此可见，琥珀作为一种稀有的有机宝石材料，的确具有这样的功能。另外，琥珀还具有多重功能，如明器、首饰、项饰、佩饰、耳饰、陈设器、财富象征、艺术品、发饰等功能。

琥珀随形摆件

琥珀随形摆件

琥珀随形摆件　　　　　　　　　琥珀随形摆件　　　　　　　　　金珀珠

　　这些功能有的是重合的，有的则是单独存在。我们来看一则实例，
"琥珀项链 1 串（M29 ： 28）。共见 92 颗，少许残缺。出土于墓室前
侧胸部位置，出土时已散落，原形难辨。琥珀珠大多为扁圆状，红
色略泛褐；另有一块为长方形，一块为锥状，疑为项链上、下端之物。
长方形琥珀长 4.3 厘米、宽 3 厘米、厚 1.5 厘米，其余琥珀珠直径
1 ～ 1.9 厘米"（南京市博物馆等，1999）。从出土于墓室前侧胸部
位置这点上足见墓主人对这件项链的珍视，由此排除了琥珀不是软
玉制品只是随意随葬的可能性。反之这件项链则是非常珍贵的饰品，
为墓葬人生前和死后佩戴的首饰。另外，从琥珀串联的复杂程度上
可以看出这件项链做工精细，由此我们也可以看到明清玉器对于其
他玉质的重视。实际上从传世品的情况看，明清玉器对于琥珀质地
十分崇尚，琥珀制品的造型不限于项链，而是多种多样。我们再来
看一则琥珀制品的实例，"琥珀腰带 1 条（M1 ： 2）。共见带板 20 块，
皆以琥珀雕刻而成。其中尾 2 块，长 7.6 厘米、宽 4.9 厘米；长方
形銙 8 块，长 6.7 厘米、宽 4.9 厘米；辅弼 4 块，长 2.1 ～ 2.5 厘米、
宽 5 厘米；圆桃 6 块，宽 4.9 厘米。琥珀带板皆呈紫红色，上雕人
物舞狮图案，狮子均由一人用绳牵引，作卧、蹲、跑、回首顾盼、
前腿上举等不同姿态。其雕工精致，线条流畅，形象栩栩如生"（南
京市博物馆，1999）。由此可见，琥珀雕琢得精细，堪称雕刻凝练，
造型隽永，件件都是不可多得的艺术精品。但显然这件腰带也不仅
仅是实用器，如果完全是为了实用，可以不用如此珍贵的材质来制作，
因此这件腰带显然是有身份地位和财富象征的作用，是一种重合性
的功能。

琥珀随形摆件

　　明代琥珀的功能具有相当的示范性作用，实质上商周秦汉、六朝隋唐辽金、宋元明清、民国及当代琥珀在功能上基本相同，明器、首饰、项饰、佩饰、耳饰、陈设器、饰品、财富象征、艺术品、发饰等功能都有见，恰恰是这些功能的相互组合造就了琥珀多元化的功能。其中以当代琥珀在功能上最为齐全，这一点是显而易见的。其实从造型上看就看得很清楚，大型的山子、摆件显然是朝着艺术品的方向制作，耳钉、戒指作为首饰，吊坠显然是佩饰。但当代琥珀在功能上的缺陷之一就是实用性的缺失，真正生活当中作为日用器的很少见，鉴定时应注意分辨。

血珀、金珀串珠

第三章　造型鉴定

第一节　琥珀造型

琥珀随形摆件

　　琥珀常见的造型主要有摆件、鼻烟壶、项链、手链、佩饰、把件、龙、貔貅、山子、平安扣、块状随形、隔珠、隔片、念珠、胸针、笔舔、香炉、印章、瓶、供器、狮、虎、臂搁、佛珠、水盂、吊坠、如意、桃子、弥勒、童子、人物故事、松鼠、鼎、珠子、洗、牧童、盒子、镇纸、壶、佛像、观音、文房用具、盘、烟斗、笔洗、扁瓶、串珠、组合镶嵌器物、水滴状随形、肾状随形、

琥珀平安扣

琥珀随形摆件

金珀珠

血珀、金珀串珠

血珀、金珀串珠

瘤状随形，等等。由此可见，琥珀的造型种类十分丰富，造型可以
说对琥珀鉴定起着决定性的作用。从时代上看，琥珀在中国的使用
有着漫长的历史，人们很早就发现了琥珀这一美丽的有机宝石，商
周、秦汉、元明清都有使用。我们来看一则实例，"琥珀印章"（广
西壮族自治区文物工作队等，2003）。由此可见，我国使用琥珀之早。
但早期主要是作为项链、印章、手串之类，随着时间的推移，器物
造型不断地增加。这是一个渐进的过程，从时代上看也是这样，至
明清时期实际上是集大成，鼻烟壶、项链、手链、佩饰、把件、龙、
貔貅、山子、平安扣、隔珠、隔片、念珠、胸针、笔舐、香炉、印章、
瓶、供器、狮、虎、臂搁、佛珠、水盂、吊坠、珠子、笔洗、牧童、
盒子、镇纸、壶、佛像、观音、文房用具、盘、烟斗、笔洗、扁瓶
等都有见，每一个时代的琥珀都有着出彩的造型。比如，清代琥珀

琥珀随形摆件

琥珀随形摆件

琥珀平安扣

鼻烟壶非常盛行，几乎占到琥珀制品数量的一半以上。但对于琥珀制品而言，由于本身数量比较少，所以在古代只有个别如鼻烟壶等器皿能够出彩，而多数制品在造型出现的频繁程度上不能够鹤立鸡群，这是古代琥珀的一个特点。从当代琥珀上看，当代琥珀在造型上由于突破了原材料的限制，进口了大量缅甸，特别是波罗的海沿岸国家的琥珀原矿。举一个例子，在一些大型的古玩批发市场内我们可以看到，载重量十几吨、拉着琥珀矿石的汽车在卸货，可见原料之丰。如此丰富的原材料注定了当代拥有比历史上任何一个时代都要丰富的琥珀造型。目前市场上常见到的有手镯、觿、簪、松鹤山子、葫芦、如意、鼻烟壶、项链、手串、老料随形、吊坠、佩饰、

仿花珀手串

挂件、随形山子、戒指、耳环、多宝串、观音、弥勒、佛像、平安扣、隔珠、隔片、把件、三通、单珠、饼状随形、老料随形、水滴状随形、肾状随形、瘤状随形、摆件、桶珠、金瓜、瑞兽、婴戏、荷花、组合镶嵌器物等。这些造型主要迎合的是当代消费趋势，而且是大众市场的需要。实际上可以看到这些器物的造型加入了当代许多元素，如在挂件当中很重要一种：车挂。这在古代是不曾有的，当然马车上也有挂件，不过数量显然没有我们现在的多。但在具体的造型上当代琥珀显然还是以古代的造型为依托，为传统的延续。因为几乎每一种琥珀造型我们都可以找到古代造型的元素。总体而言，琥珀制品在当代的盛行也是近些年的事情，发展时间还比较短，相信随着时间的推移，当代琥珀的器物造型一定会越来越多，创新更多。与此同时，当代琥珀还有一些高档的产品，这些产品的造型多数是慕古型的，看起来依然非常古朴，同时融合了现代的元素，如鼻烟壶、项链、手链、佩饰、把件、龙、貔貅、山子、平安扣、隔珠、隔片、念珠、胸针、笔舔、香炉、印章、瓶、供器、狮、虎、臂搁、佛珠、

琥珀平安扣

琥珀随形摆件

血珀桶珠

金珀珠

琥珀随形摆件

琥珀随形摆件

水盂、吊坠、如意、桃子、弥勒、童子、人物故事、松鼠、鼎、洗、牧童、盒子、镇纸、壶、佛像、观音、文房用具、盘、烟斗、洗、扁瓶等都有见。不过这些造型与真正古代的造型还是不一样的，因为它或多或少地带有现代的元素，我们在鉴定时应注意分辨。从数量上看，琥珀制品数量及造型在不同时代里流行程度不同，手链、串珠各个历史时期都比较流行，包括我们现代也是这样。但是对于大多数器物来讲，早期主要是以印章等为主，而明清时期主要以鼻烟壶为主，当代主要是以手镯、葫芦、老料随形、随形山子、多宝串、观音、弥勒、佛像、平安扣、隔珠、隔片、各种把件等为主。鉴定时应注意体会。从大小上看，早期以小器为主，如汉代就是以印章等为多见。随着时间的推移，器物造型逐渐多起来，琥珀器皿在器物造型上也逐渐增大，如民国时期的山子就比较大，直至当代许多摆件，器物造型相对来讲都不算小，但大多数器物还是比较小。总的来看，琥珀在体积上还是以小为主。从相似性

琥珀平安扣

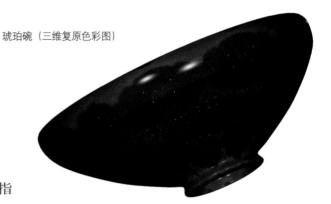

琥珀碗（三维复原色彩图）

上看，琥珀在器物造型的相似性
上特征十分明确，造型相似性比
较严重，这里指的相似性主要是指
各个时代琥珀器物造型同其他质地，
如玉器、瓷器、青铜等造型的相似性。另外，琥珀造型还有仿前朝
的问题，如，五代和唐代基本相似，清代和明代基本相似，民国和
清代又是比较相似。当然，我们现在的器物和以往各个历史时期的
琥珀制品又有相像之处，而且相像之处还比较多，说明借鉴的力度
非常大。再者，当代琥珀制品与其他质地共同成器的情况也很常见，
典型的如多宝串和镶嵌类制品就是一种或者几种材质共同组成一件
器物造型。琥珀手串中圆珠、桶珠、隔珠、隔片等的造型变化不大。
总之，固守传统和同类型造型的借鉴是琥珀相似性的最主要表现。
从功能上看，琥珀造型与功能的关系很密切，因为功能而延续。因此，
在功能不变的情况下，器物的造型很难改变，一旦人们不需要它，

血珀、金珀串珠

血珀、金珀串珠

血珀、金珀串珠

琥珀随形摆件

一种琥珀造型便很容易消失。从规整上看，琥珀造型在规整程度上通常比较好，多是造型隽永之器，包括每一个珠子都是精打细琢磨，造型圆度规整，几无缺陷。当然这与琥珀质地比较软、易于打磨有关。另外，也与工匠在琢磨琥珀时精益求精的态度有关。从写实和写意上看，琥珀造型在写实性上比较强，写实的作品十分常见，特别是明清时期写实的作品比较常见。而在特别早的时期写实性的作品不是很常见。当代琥珀制品基本上也是以写实为主，写意作品有见，但多是限于一些工艺美术大师的作品，数量非常少，在市场上可以说是沧海一粟，很难被人们所发现。但不可否认写意作品在意境上更好一些，同时也是收藏的佳品。同时写实作品如果惟妙惟肖，同样具有很高的收藏价值。鉴定时应注意分辨。

琥珀随形摆件

琥珀随形摆件

琥珀随形摆件

琥珀随形摆件

琥珀随形摆件

琥珀随形摆件

琥珀近方形摆件

第二节 形制鉴定

一、龟 形

琥珀制品中的龟形在早期比较少见。早期的龟形其实很少见整个琥珀的造型是龟，而是如"汉代琥珀印章，M5 ∶ 83，龟形钮"（广西壮族自治区文物工作队等，2003）一般。可见，早期所谓琥珀龟的造型其实是龟形钮的造型。六朝隋唐辽金琥珀基本上延续了这一特征，直接描述龟的造型比较少。宋元明清琥珀基本也是这样，主要是在延续传统。民国与当代的龟形琥珀比较常见，特别是当代龟造型特别流行，像龙龟吊坠十分流行，当然也有摆件。总之，各种龟的造型都有见，这说明龟的造型具有很重要的吉祥寓意。

二、卧兽形

琥珀卧兽的造型在历史上和当代常见。我们来看一则实例，"西汉琥珀印，M102 ∶ 37，卧兽钮"（扬州博物馆，2000）。由此可见，这件卧兽并不是整个造型，而是琥珀印的钮部造型。这种造型十分常见，直到现在依然对于玺印有着巨大影响，当然西汉时期卧兽的造型并不是琥珀的创举，而是对于青铜器、玉器等卧兽钮的造型的借鉴。总之，这种造型在商周秦汉时期都有见，六朝隋唐辽金时期也有见，宋元明清之时更为多见，民国与当代琥珀之上更为普遍。不过随着时代的发展，卧兽的造型不仅仅是限于钮部造型，主要以瑞兽形式出现，如把件、挂件当中就常见卧兽的造型。

三、羊　形

羊是祥瑞的动物造型，也是人们最为熟悉的造型。羊的形象在琥珀中出现得很早。我们来看一则实例，"西汉琥珀羊"（扬州博物馆，2000）。由于琥珀出土器物较少，关于羊的实例不是很容易找到，实际上应该在更早的时期就会有羊的造型出现。六朝隋唐辽金时期羊形象的琥珀也有见，只是数量不多，宋元之后，直至明清，琥珀羊的造型在数量上基本都是有见但不多。直至当代羊的造型在琥珀中依然是有限，主要是以生肖为主，也有少量的摆件，而且以写实为主，我们一看就知道是羊的造型。写意的情况有见，但数量很少，但多数羊的造型弧度圆润，造型规整，精美绝伦。当代应该是历史上羊造型最为鼎盛的时期。

四、方　形

方形在琥珀上的应用比较广泛。我们来看一则实例，"明代琥珀簪，M3∶4，方顶"（南京市博物馆，1999）。可见这件簪子在顶部造型上选择了方形，目的显然是以最为普通的方形吸引更多的消费群体。当然琥珀方形的造型还有许多，如琥珀吊坠通常是中空的方珠，看起来非常漂亮；戒面、随形摆件也常见方形，但正方形

琥珀近方形摆件

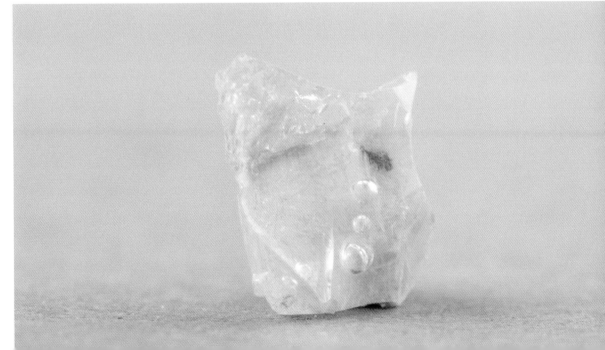

琥珀近方形摆件

的造型不是太多。纯正的方形主要还是以印章为多见，这一点从古到今几乎没有太大的改变，商周秦汉时期就常见。我们来看一则实例，"汉代琥珀印章，M5∶83，方印"（广西壮族自治区文物工作队等，2003）。由此可见，这印的造型为方形。汉代琥珀印在具体造型上借鉴玉印和青铜印比较多，我们在鉴赏时应注意对比。六朝隋唐辽金方形琥珀的数量有所增加，但基本上还是局限于玺印等器物。宋元明清时期在方形造型上有所发展，器物造型扩大化的趋势明显，戒面、耳钉，诸多方形镶嵌等造型都出现了，但真正数量最多的还是印章。民国时期基本延续前代。当代琥珀在方形造型上同样取得了辉煌的成就，主要以印章为主，方形戒面、耳钉、诸多方形镶嵌都有见。由此可见，方形这一古老的造型从商周秦汉发展至今日，以印章为主体造型，加之衍生性的一些辅助造型。可见一种造型只要功能不变，其造型很难改变。由此可见古人对于方形造型在琥珀上应用理解之深。在汉代常见的造型，在我们今天依然是常见，时光似乎在方形造型上停滞了。

血珀、金珀串珠

血珀、金珀串珠

五、珠 形

球形在琥珀制品当中最为常见，显然是琥珀当中最多的造型之一。原因很简单，因为大量的串珠、手链、项链、挂件当中使用的珠子都是球形的。人们对于圆球形的偏爱由来已久，在新石器时代就有球形的造型，琥珀的球体最晚在汉代已经相当流行了。我们来看一则实例，"东汉琥珀珠 28 粒"（广西文物工作队等，1998）。东汉时期琥珀珠已经很常见，并不是只有我们当代才流行琥珀串珠，当代并不是一个孤例，在汉代就有很多像这样的实例，比如"汉代琥珀珠"（辽宁省文物考古研究所等，1999）。不同地区的汉墓当中出土了相同的珠形造型，由此可见，珠形应为汉代琥珀流行的一种时尚。当然，早期的珠子造型并非都是球形的，而是各种形状都有，如隔珠形的、算珠形等也都是很流行。如西周虢国墓出土的大型

仿花珀珠（三维复原色彩图）

血珀、金珀串珠

血珀串珠

组玉佩之上的珠子多数为珠形，真正球形的造型数量非常少。关于这一点我们再来看一则实例，"汉代琥珀饰，其中 1 件为珠形"（广西壮族自治区文物工作队等，2003）。由此可见，汉代球形珠子所占比例并不高。这应该还是手工制作珠子难度比较大的原因。这一点六朝隋唐辽金及宋元明清时期都如此，只是随着时间的推移球形在数量上有所增加。球形造型真正鼎盛时期是在当代，这与当代机械化的制作工艺有关。现代化的机械想要磨圆珠子，特别是像琥珀一样硬度较低的珠子，几乎没有任何技术难度，是一件非常容易的事情。所以我们在商场里不时可以看到成袋装的琥珀珠子准备穿系成各种各样的手链、串珠、项链等。这一点我们在鉴定时应能理解，

血珀、金珀串珠

血珀、金珀串珠

因为只有理解了这一点才可以游刃有余地对古代球形琥珀制品有一个基本的常识性判断。如果我们发现很多古代的球形琥珀制品，我们应提高警惕，因为在古代一个个地磨圆成这些球体并不容易。但是由于当代人喜欢球形造型，所以作伪者也是跟风跟进，喜欢制作这类制品。

血珀串珠

血珀、金珀串珠

血珀球（三维复原色彩图）

金珀珠

金珀珠

六、蘑菇形

　　蘑菇形的造型在琥珀当中的应用非常广泛，这一点十分明确。我们来看一则实例，"明代琥珀簪，M3：45，蘑菇形顶"（南京市博物馆，1999）。可见，这件琥珀簪选择了蘑菇形的造型，但可以很清楚地看到，这种簪子的蘑菇形造型显然借鉴了金银簪等制品。实际上这种造型在商周秦汉时期也不多见；唐宋时期有见，但数量不是太多；以明清民国时期最为多见；当代琥珀造型之上也是很少见到。我们只要知道在历史上存在过这样一种造型就可以了。

七、纽扣形

　　纽扣形状的造型在琥珀制品中十分常见。我们来看一则实例，"汉代琥珀饰，纽扣形"（广西壮族自治区文物工作队等，2003）。由此可见，这件琥珀饰使用了纽扣形的造型，设计的理念显然是为了造型更加亲近大众，因为纽扣几乎是每一个人都熟悉的造型，但这种造型在墓葬出土器物中并不多见。可见，这种纽扣形的造型在汉代只是有见，但是否是一种风尚，目前还未能证明，只是有见而已。六朝隋唐辽金琥珀基本上也是这样；宋元之后，直至明清民国都是如此。当代纽扣形的琥珀并不是很常见。当然有纯正的琥珀纽扣，通常为圆形，中间四个孔供穿系之用。由此可见，纽扣形在当代社会已经不再成为一种艺术性的造型，而是成为一种以实用为主的器皿。可见，纽扣形的造型从汉代发展至今又恢复到了其本源的功能，着实令人唏嘘不已。

琥珀手镯（三维复原色彩图）

八、环 形

环形的造型在琥珀当中也是十分常见，琥珀环、琥珀璧、平安扣、琥珀镯子、指环、戒指、耳环、纽扣形珠等等，都是大家耳熟能详的造型。环形造型从商周秦汉时期就有见，直至明清，当代更是繁荣，实例不胜枚举。其总的特征是无论古代的纯正手工，还是当代的机械取环的造型，工艺都是相当精湛，环形正圆，圆度规整，几无缺

仿金珀珠

琥珀平安扣

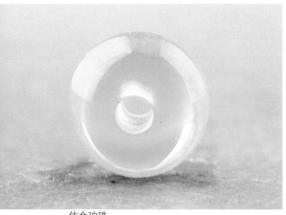

仿金珀珠

琥珀平安扣

陷，这是其共性的特征。只是在数量上明显当代较多见，中国古代
环形造型在数量上有限，这与当代机械化的生产、取环的过程非常
简单精准有关。目前市场上取一个手镯，用机器制作也就是几十元
一个，非常方便，这是以往任何时代都不能比拟的。但缺点是环的
形质一样，失去了创作的过程，而且产品一样，不能够从环上看出
工匠的所思所想，这是当代环不及古环形造型的一个缺陷。另外，
从大小上看，对于琥珀环形这一特殊的造型而言，琥珀的环的造型

仿花珀算珠

越大通常情况下越贵重，因为琥珀原料的大小有限，大的环形造型不容易取。当然这只是从理论上讲，实际上影响其贵重程度的因素还有很多，比如，料的优良程度、产地、是否出自名家之手、时代等因素都能影响到其贵重程度，因此要综合地进行判断。

仿金珀手镯（三维复原色彩图）

琥珀平安扣

仿花珀算珠

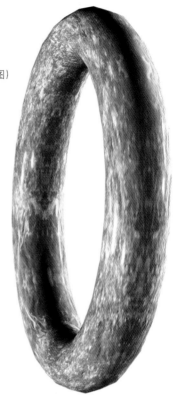

琥珀手镯（三维复原色彩图）

　　当然，以上是大家熟悉的环形造型，实际上环形的造型影响特别巨大。我们来看一则实例，"明代琥珀饰件，M1：10，顶部为环形钮"（南京市博物馆，1999）。由此可见，这件明代的琥珀饰件只是钮为环形，可以说辅助造型是圆形，这种情况在琥珀器皿当中也是常见，我们在鉴定时应注意分辨。

琥珀平安扣

仿金珀珠

九、橄榄形

橄榄形的琥珀造型在汉代已经是十分流行，时常有见。"汉代琥珀饰，1件为长橄榄形"（广西壮族自治区文物工作队，2003）。这与橄榄是一种美味的水果有关，回味无穷的韵味使得橄榄成为汉代人的最爱，以至于将其制作成了琥珀的造型。实际上，我们知道橄榄的颜色是青色的，而琥珀的色彩并不最适于制作橄榄，但是汉代还是选择了用琥珀来制作橄榄，足以说明琥珀在汉代是一种极为珍贵的宝石原料。但从墓葬出土的情况来看，橄榄形的琥珀并不是很多见，只是有见而已。六朝隋唐辽金、宋元明清琥珀基本上都是这样，明清时期的琥珀也会制作成戒面来进行镶嵌，有一定的数量。当代琥珀在橄榄形上基本延续了明清，多是作为戒面的镶嵌而出现，数量比任何一个时代都要多。其实从数量上已经可以看出，橄榄的造型的确是人们都很喜欢的造型，但是当代琥珀并未能够在造型上进一步发展，这可能与橄榄本身的造型局限有关，同时也可能与当代琥珀本身造型中手串、串珠比较多有关。另外，有一些吊坠在造型上也有橄榄形的造型，这一点我们在鉴定时应注意分辨。

琥珀平安扣、蜜蜡碟（三维复原图）

金珀珠

金珀珠

十、椭圆形

椭圆形的造型在琥珀中最为常见。椭圆的造型比较符合视觉审美的习惯，特别是符合中国人的视觉习惯，古代椭圆形的琥珀造型就常见。我们来看一则实例，"六朝琥珀管，M4∶41，横截面椭圆形"（南京市博物馆等，1998）。由此可见，早在六朝时期琥珀椭圆形的造型就有见，而且十分普遍。再来看一则实例，"六朝串饰，M6∶21～25，呈椭圆形"（南京市博物馆，1998）。看来不仅仅是管的造型，而且串珠的造型也常常是呈现椭圆形，椭圆的造型在六朝时期俨然成为了一种风尚。宋元明清琥珀在椭圆形的造型上基本上延续了传统，椭圆形的造型非常多。来看一则实例，"明代琥珀饰件，M1∶10，体呈椭圆形"（南京市博物馆，1999）。由此可见，明代饰件也有椭圆形的，可见椭圆形的造型在琥珀上的应用进一步扩大化了。民国与当代琥珀椭圆形的造型更为丰富，应用到了诸多的器物造型之上，如戒指、耳钉、串珠、手链、项链、挂件、吊坠等，而且数量特别多，充分体现出了当代琥珀在椭圆造型上的繁荣。从做工上看，当代琥珀椭圆形的造型多数为机制，造型批量化特征较为明显，椭圆形也并非都是标准的椭圆形，有的时候写意的椭圆形造型也有见，鉴定时应注意分辨。

血珀桶珠

十一、扇 形

扇形的造型在琥珀中有见。我们来看一则实例，"六朝琥珀管，M4：41，纵截面成扇形"（南京市博物馆等，1998）。可见这件琥珀管横截面呈现出的是扇形，但是这种造型在六朝时期并不是很多，不具备流行性的特征。从出土器物来看，实际上整个六朝隋唐辽金时期这种扇形的造型都很少见。宋元明清时期琥珀扇形者更为少见，即使有，数量也相当有限。民国与当代琥珀扇形的造型基本上没有，看来扇形就是琥珀造型上的一个特例，在历史上犹如昙花一现，很快便消失在历史的苍茫之中。

血珀桶珠、三彩灯（三维复原色彩图）

血珀桶珠

血珀桶珠

十二、圆柱形

　　圆柱形的琥珀造型常见，通常作为串珠的比较多，各个历史时期都有见。我们来看一件五代琥珀串珠，"LC，M1：23，圆柱形两种"（西藏自治区山南地区文物局，2001）。由此可见，圆柱形的串饰在五代时期就已经非常流行。实际上，在整个中国古代都非常流行，直至明清。当代圆柱形的琥珀造型也常见，基本上延续传统，主要是串珠，各种各样的手链为多见，实际上和现在的桶珠可以画上等号。从数量上看，圆柱形达到了相当的规模。从具体的造型上看，造型规整，圆度规整，具有相当的视觉震撼力，这一点我们在鉴定时应注意分辨。

仿花珀算珠

十三、蟠桃形

蟠桃形的琥珀造型有见。蟠桃是一种水果，色艳、味美，历来受到人们的喜爱，在《西游记》中被描绘成天界的长生不老药。因此，蟠桃的造型在琥珀上也有见。我们来看一则实例，"明代金链琥珀挂件，M3：2，琥珀饰件的正面刻两个蟠桃"（南京市博物馆，1999）。这件金链琥珀挂件材质珍贵，在正面雕刻了两个蟠桃，从而实现了金质材质和蟠桃题材共同衬托琥珀材质的珍贵性，构思和设计极为巧妙，可谓是巧夺天工，精美绝伦。但是蟠桃的造型在琥珀中并不常见，包括当代琥珀造型当中也是，很少见到，我们在鉴定时知道有这样一种造型就可以了。

仿花珀算珠

血珀桶珠

十四、长方形

　　长方形的琥珀造型历代都比较常见。早在新石器时代就有，商周秦汉时期也有见，唐宋之后，直至明清均有见。我们随意来看一则实例，"明代琥珀腰带，M1：2，长方形銙8块"（南京市博物馆，1999）。从造型上看，琥珀腰带的长方形銙8块都比较相似，圆度规整，弧度自然，但这是视觉意义上的概念，并非真正几何意义上的长方形。另外，这件实例还向我们昭示了在明代长方形琥珀銙主要是考虑其实用的需要，这一点显而易见。实际上从具体的造型上看，长方形造型的琥珀有很多种，如长方形管、长方形的印章、项链等都有见。再来看一则实例，"明代琥珀项链，M29：28，另有一块为长方形"（南京市博物馆等，1999）。由此可见，这件琥珀项链由多种形状的组件组成。当代琥珀长方形的造型基本上还是延续传统，以印章、管、项链等为多见。另外一些镶嵌的戒面也有长方形的造型。当代琥珀这些造型与古代琥珀有不同之处，显著的区别是古代长方形造型由于手工制作的原因，不是标准的长方形，而当代琥珀的长方形造型则多是几何形的造型，比较标准，这显然是由于机制的原因所导致。当然也有一些随形的摆件，其长方形并不规整，显然是艺术上的长方形。鉴定时我们应注意分辨。

琥珀随形摆件

金珀珠

十五、扁圆形

　　琥珀扁圆形的造型十分常见，这种造型有串珠、单珠、鼻烟壶、吊坠、耳坠、挂件、戒指等等，可见种类繁多。我们来看一则实例，"明代琥珀项链，M29：28，琥珀珠大多为扁圆状"（南京市博物馆等，1999）。由此可见，扁圆形的琥珀造型的确十分常见，而且无论在古代还是当代都非常盛行。从具体造型上看，古代扁圆形的造型主要以手工制作为主，因此所谓扁圆不过是视觉意义上的概念，而当代扁圆的琥珀造型由于是机制，所以在规整程度上比古代要好一些，当然也有少量纯手工制作的扁圆形琥珀造型。从数量上看，当代琥珀扁圆形的造型相当多，可以说是市场上的主流造型之一，主要以串珠、单珠、吊坠、耳坠、挂件和戒指为主，鼻烟壶等造型数量比较少。这一点我们在鉴定时应注意分辨。

琥珀平安扣

琥珀随形摆件

琥珀随形摆件

仿金珀珠

金珀珠

十六、鸡心形

　　鸡心形的琥珀造型常见。我们来看一则实例，"明代金龙裹琥珀冠饰，M29：27，整器造型为双龙戏珠内裹鸡心形琥珀"（南京市博物馆等，1999）。由此可见，鸡心形造型在明代就已经有见，且应该是较为流行的，因为在古代心常与意识相互联系。《诗·小雅》："日月阳止，女心伤止。"所以心形可能在很早以前就被人们反复琢磨，才应用到了琥珀之上。民国与当代鸡心形的琥珀比较流行，从数量上来看，应该是历史上最为流行的一个时期。因为心与意识联系，心意代表意识，这种观点在当今社会依然是非常流行的。鸡心形造型象征着爱情、情谊、心情、感受等。而也正是由于有这些功能存在，鸡心形的琥珀造型被应用到了各种具体的器物造型之上，特别是吊坠非常多，直接戴在脖子上吊于胸前，象征美好。从工艺上看，鸡心形的琥珀在工艺上基本都是精益求精之器，弧度自然，精美绝伦。

琥珀随形摆件

十七、如意云头形

如意云头形的琥珀造型有见，但主要是存在于中国古代琥珀中。我们来看一则实例，"明代金龙裹琥珀冠饰，M29 ∶ 27，器身背面中间置一金质如意云头，伸出金线 8 根和两侧龙身相接，二者之间构连合理、紧凑"（南京市博物馆等，1999）。由此可见，如意云头形是作为冠饰的组件存在的，而并不是独立存在的。这一点很多时代都相同，造型精美隽永，弧度圆润规整，衬托功能强烈，具有吉祥寓意。当代基本上是传统的延续，有见如意云头纹，但很多情况只是纹饰，真正是造型的情况不多见。我们在鉴定时知道有这样一种造型就可以了。

琥珀随形摆件

血珀桶珠

琥珀随形摆件

十八、高度特征

琥珀饰品在高度特征上比较明确。我们来看一则实例，"西汉琥珀印，M102：37，通高0.8厘米"（扬州博物馆等，2000）。由此可见，这件琥珀的高度只有0.8厘米，还不到1厘米，这样的琥珀太小了，但由此也可以看到琥珀在汉代的珍贵程度，同时我们也可以感受到当时琥珀原料的奇缺程度。所以高度鉴定对于琥珀而言十分重要，它不仅可以揭示以上历史信息，最重要的是可以了解某一个历史时期之内琥珀在造型上的大致高度特征，给鉴定提供一个大致高度的概率性参考，这是其最主要的功能。下面我们具体来看一下。

琥珀平安扣

无时代特征琥珀随形摆件

1.商周秦汉琥珀

商周秦汉琥珀在高度特征上也是比较明确，早期商周时期由于发掘出土很少，我们几乎无法勾勒出一个大致的概率范围。但是到汉代数量就比较多，除了上面已有的一件实例外，我们再来看一例这一时期的实例，"汉代琥珀饰，高1.2厘米"（广西壮族自治区文物工作队等，2003）。由此可见，这件汉代琥珀高1.2厘米，比先前我们举过的实例0.8厘米高出了0.4厘米。再来看一则实例，"汉代琥珀印章，M5：83，高1.4厘米"（广西壮族自治区文物工作队等，2003）。这件印章的高度比先前1.2厘米的高度高出了0.2厘米。由此可见，汉代琥珀在高度特征上是一个递进的过程，但总的来看，琥珀高度不大，大多数在一到两厘米左右的高度。但这个特征仅供参考，低于和超过这一高度者应该都有见，因为还有造型等因素都是影响其高度的重要原因。但是从目前出土器物的情况来看有一点是不可否认的，就是这一时期琥珀的高度确实偏低，反映到器物造型上就是以小器为主，与当代琥珀的高度无法相比。这一点我们在鉴定时应注意分辨。

琥珀随形摆件

无时代特征琥珀随形摆件

2. 朝隋唐辽金琥珀

由于时代延续比较长，六朝隋唐辽金琥珀在高度特征上，差距比较大，这一点是一个客观因素，加之发掘出土的器物比较少，很难整理出来一个范围．但我们来看一则实例，"六朝琥珀狮，M4：39，高 1.78 厘米"（南京市博物馆等，1998）。由此可见，六朝隋唐辽金琥珀在体积上与汉代基本相当，并没有太大的改观，这一点我们在鉴定时应注意分辨。显然六朝隋唐辽金琥珀也是以小器为主，这可能与当时原料来源的紧张程度有关。

3. 宋元明清琥珀

宋元明清琥珀在高度特征上比较明确。我们先来看一则实例，"明代琥珀饰件，M1：10，高 4.3 厘米"（南京市博物馆，1999）。由此可见，这件明代琥珀饰件的高度虽然与我们当代相比不是很高大，但是比汉代和六朝时期的 0.8、1.78 厘米的高度已经高出了几倍。由此可见，宋元明清时期琥珀在大小上几乎是有了质的飞跃，但这一飞跃是个别现象吗？我们再来看一则实例，"明代琥珀杯，M3：53，高 4 厘米"（南京市博物馆，1999）。由此可见，宋元明清琥珀在高度特征上的确是有了一个很大的进步，这可能是由于这一时期人们对于琥珀原料的来源有了新的渠道，也可能是由于人们的视觉审美习惯有了一定的改变。但无论如何宋元明清琥珀在高度特征上比前一个历史时期要高得多，鉴定时我们注意到就可以了。

琥珀随形摆件

血珀桶珠

无时代特征琥珀随形摆件

4. 民国与当代琥珀

民国与当代琥珀在高度特征上更为明确，大小兼备，各种各样的高度特征都有，小的也有如汉代 0.8 厘米的，如戒面的高度、一颗珠子的高度等，但总的趋势是比以往朝代的琥珀高度高得多，这一点我们在鉴定时应注意分辨。特别是当代琥珀高度在 10 厘米以上者很常见，更高的情况也有，有些山子和摆件的高度可以说是相当高，这是古代琥珀在高度上所不能比拟的。当然原因很清楚，一是因为当代人们的审美习惯与古代不同，人们喜欢稍微大一点的琥珀制品；二是琥珀的来源渠道较广，大量的波罗的海沿岸国家的琥珀被进口到中国，缅甸的琥珀也大量涌入，这样就为大型琥珀雕件的普及提供了原料基础。由此可见，从整个琥珀史的角度来看，当代琥珀的高度显然达到了历史之最。但是如果同当代其他质地，如玉器、瓷器、陶器等相比较，琥珀制品显然还是无大器。这种辩证的关系我们在鉴定时应能理解。

琥珀随形摆件

琥珀随形摆件

仿花珀手串

琥珀随形摆件

血珀、金珀串珠

琥珀随形摆件　　　　　　　　　　　琥珀随形摆件

十九、长 度

　　琥珀在长度特征上比较明确，整体上长度不是很长，这与古代琥珀原料的奇缺程度有关。不同时代在长度特征上不同，主要取决于琥珀原料的稀缺程度。稀缺程度高的时代，如商周时代长度多数较短，而原材料来源比较广泛的时代，如当代琥珀的长度就比较好。长度鉴定对于琥珀而言十分重要，它可以揭示某一个历史时期之内琥珀在造型上的大致长度，给鉴定提供一个可参考的概率性特征。下面我们具体来看一下。

琥珀随形摆件

琥珀随形摆件

1. 商周秦汉琥珀

商周时期琥珀由于发掘出土很少，我们几乎无法勾勒一个大致的概率范围，但是汉代出土的琥珀数量较多。我们来看一件实例，"西汉琥珀印，M102：37，边长 1.1 厘米"（扬州博物馆等，2000）。由此可见，这件汉代琥珀的边长 1.1 厘米，这说明这件琥珀印章特别小。其他汉代琥珀的长度也都是这么小吗？我们再来看一则实例，"汉代琥珀饰，长 0.8 厘米"（广西壮族自治区文物工作队等，2003）。看来这件琥珀饰品的长度更小，几乎属于微雕的范畴。这样看来该时期的琥珀制品在长度上的确是数值比较低，多数在一到两厘米左右，当然低于和高于这一范畴的琥珀都有见，仅供参考而已。另外，长短特征还与其造型有关，我们在随意找一件琥珀制品来看一下，"西汉琥珀羊，M102：26，长 1.5 厘米"（扬州博物馆等，2000）。由此可知，整个琥珀羊的造型才只有 1.5 厘米，这样看来汉代琥珀的确是以小为主，结合高度特征来看，几乎无大器，这一点我们在鉴定时应注意分辨。

2.六朝隋唐辽金琥珀

六朝隋唐辽金琥珀在长度特征上
基本延续前代，但比前代略有进步。
我们来看一则实例，"六朝琥珀狮，
M4：39，长 2.07 厘米"（南京市博
物馆等，1998）。由此可见，六朝隋唐

琥珀随形摆件

辽金琥珀在长度上基本与汉代相当，只是略大一
点点。但我们知道孤例是不能说明问题的，六朝隋唐辽金琥珀是否
都是这样，我们继续寻找证据。"六朝琥珀管，M4：41，长 2.9 厘米"
（南京市博物馆等，1998）。可见这件同在一个墓地出土的琥珀管
的长度达到了 2.9 厘米，这个长度显然比以上我们所罗列的数值都
大，与我们当代的琥珀小器基本相当，从而说明六朝时期琥珀长度
特征的确是增加的。但琥珀的长度常常与造型也有关系，如一些小
的珠子在造型上可能是比较小，"六朝串饰，M6：21～25，长 1.1～2.5
厘米"（南京市博物馆，1998）。这样看来六朝琥珀制品在长度特
征上的确是增大了，因为串珠的造型应该是各种造型当中比较小的
了，但已经达到了相当的长度。由此我们可以看到，六朝隋唐辽金
琥珀长度在宏观上没有太大改变，依然属于较小范畴，但是在微观
上有向大演变的特征。

琥珀随形摆件

琥珀随形摆件

3. 宋元明清琥珀

宋元明清琥珀在长度特征上比较明确,我们先来看一则实例,"明代琥珀簪,M3∶45,长14.9厘米"(南京市博物馆,1999)。由此可见,这件明代琥珀饰件的长度虽然与我们当代相比不算大。或者相当,但是比汉代和六朝时期的琥珀制品的长度显然高出数倍。看来,宋元明清时期琥珀在长度上有大的进步,几乎是有了质的飞跃,而且这个飞跃不是个别现象,而是具有一定的普遍性。我们再来看一则实例,"明代金链琥珀挂件,M3∶2,链长33.4厘米"(南京市博物馆,1999)。这样的长度可以说是相当长了,它是以往琥珀制品所不能比拟的,而且像这种情况还有很多。由此可见,宋元明清琥珀在长度特征上的确是有了一个很大的飞跃,这说明人们对于琥珀体积的审美有一个很大的变化。当然明代琥珀显然还没有能够达到普遍三十几厘米的长度,因为琥珀在这一时期虽然说有一定的原料来源渠道,但毕竟与我们当代大量的琥珀来源还是不一样,运输成本也比较高。所以一般情况下,明代琥珀的长度多在十几厘米左右。我们来看一则实例,"明代琥珀杯,M3∶53,连把长13.6厘米"(南京市博物馆,1999)。在其同一座墓葬当中还出土了一件"明代琥珀簪,M3∶4,长12.4厘米"。 可见这个尺寸大小的琥珀在明代最为常见,当然也有更小的长度特征,在这里就不再赘述,鉴定时我们注意到就可以了。

仿花珀手串

琥珀随形摆件

金珀珠

4. 民国与当代琥珀

民国与当代琥珀在长度特征上更为明确，长度的数值进一步增大，特别是当代琥珀制品长度数值很多达到历史之最，如山子和摆件通常都是比较大。同时又是大小兼备，各种各样的长度数值都有，有 0.1 米左右的单珠，有几厘米长的戒面，也有几十甚至上百厘米长的挂件、项链等，由此可见。这样的长度特征可能是以往任何一个时代都不能比拟的。从数量上看，各种长度特征的琥珀制品都是比较常见的，市场上销售的琥珀制品也多如牛毛，可见当代琥珀可以说达到了全盛时期。这与当代琥珀原料相对于古代易得有关。自改革开放以来，随着我国收藏热的兴起，大量国外琥珀涌入我国，为琥珀的繁荣奠定了基础。

二十、宽 度

琥珀在宽度特征上比较明确。我
们来看一则实例，"汉代琥珀印章，
M5：83，宽1.3厘米"（广西壮族自治
区文物工作队等，2003）。由此可见，
这件琥珀的宽度只有1.3厘米，真的是
袖珍之极。其他历史时期的琥珀在宽度特
征上各有特点，下面我们来具体看一下：

琥珀随形摆件

1. 商周秦汉琥珀

商周秦汉琥珀在宽度特征上也是比较明确。早期出土的琥珀
很少，我们无法勾勒出一个大致的宽度范围，只能从汉代出土的琥
珀了解一二，因为汉代出土的琥珀制品较为丰富。我们来看一件实
例，"汉代琥珀饰，宽0.6厘米"（广西壮族自治区文物工作队等，
2003）。由此可见，这件汉代琥珀的宽度只有0.6厘米，这个宽度
实在太窄了，基本上就相当于我们现在戒面上的宝石那么大。看来
琥珀在汉代可能就像我们现在的宝石一样，小的只能用克拉计重了。
由这件汉代琥珀的宽度特征我们可以清楚地看出，汉代琥珀比较小。

金珀珠

仿花珀算珠

2. 六朝隋唐辽金琥珀

　　由于时代延续比较长，六朝隋唐辽金琥珀在宽度特征上，有一些差距，这一点是一个客观因素，加之发掘出土的器物比较少，很难整理出来一个范围。但我们来看一则实例，"六朝琥珀狮，M4：39，宽2厘米"（南京市博物馆等，1998）。由此可见，六朝隋唐辽金琥珀的体积与汉代相比有了很大的改观，呈现出增长的趋势，只是这种增长在数值上比较小。从宏观上看，都属于很小的造型，显然六朝隋唐辽金琥珀也是以小器为主，但是从细微方面看，六朝隋唐辽金琥珀有一个增长的过程，但是这一增长过程与当代琥珀宽度相比似乎并不明显。鉴定时注意分辨。

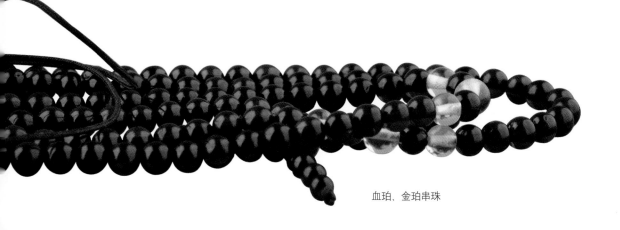

血珀、金珀串珠

3.宋元明清琥珀

宋元明清琥珀在宽度特征上比较明确。我们
先来看一则实例，"明代琥珀项链，M29：28，
宽3厘米"（南京市博物馆等，1999）。可见
这件明代琥珀饰件的宽度虽然与六朝时期相比有
一定的增加，但增加的幅度不大。再来看一则实例，
"明代琥珀腰带，M1：2，宽5厘米"（南京市博物馆，
1999）。由此可见，这一时期琥珀宽度增长的趋势很明显，
但即使宽度为5厘米的数值与我们当代也是没法相比，依然属于小
器的范畴。这一点我们在鉴定时应注意分辨。

琥珀随形摆件

琥珀随形摆件

琥珀平安扣　　　　　琥珀随形摆件　　　　　　琥珀随形摆件

4. 民国与当代琥珀

　　民国琥珀在宽度上延续明清，基本无大器。当代琥珀在宽度特征上十分明确，大小兼备，各种各样的宽度特征都有，小的有 0.5厘米琥珀珠，如戒面等，大的如山子、摆件、人物、佛像等。十几厘米、几十厘米、上百厘米的器物造型都有见，总的趋势是宽度达到了历史最高水平，比前代都强得多，我们在鉴定时应注意分辨。总之，当代琥珀在宽度上与历史相比是大器。但是当代琥珀宽度与玉器、铜器等相比显然仍属于小器，这种辩证的关系我们在鉴定时应能理解。

琥珀碟（三维复原色彩图）

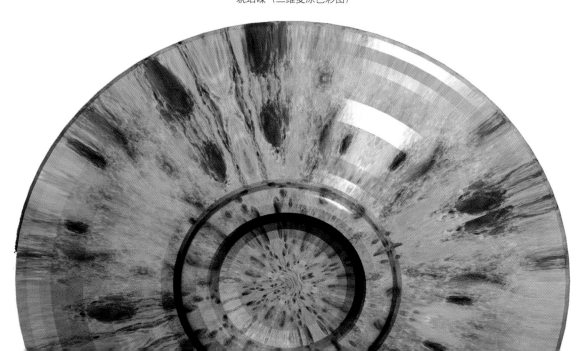

琥珀随形摆件

二十一、厚 度

琥珀在厚度特征上比较明确。我们来看一则实例，"明代琥珀项链，M29 ：28，厚1.5厘米"（南京市博物馆等，1999）。由此可见，这件琥珀的厚度达到1.5厘米，这样的厚度对于项链来讲其实已经算是可以的了。厚度对于琥珀而言十分重要，它可以揭示某个历史时期之内琥珀厚度数值的参数，给鉴定提供一个概率。下面我们具体来看一下。

1. 商周秦汉琥珀

商周秦汉琥珀在厚度特征上也是比较明确，就是比较薄，包括印章也只有1 ~ 2厘米。这样的厚度特征显现出在这一时期琥珀材质的稀缺性，厚度偏低，反映到器物造型上就是以小器为主，这一点我们在鉴定时应注意分辨。

血珀项链

金珀珠

2.六朝隋唐辽金琥珀

六朝隋唐辽金琥珀在厚度特征上基本延续了传统，厚度特征数值很小，但是与汉代相比显然是厚了许多，无论是片雕还是圆雕都是这样，比汉代略大一些，是一个渐进的过程。但是从宏观上看，依然属于小器的范畴，鉴定时应注意分辨。

琥珀平安扣

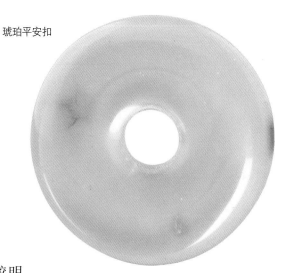

3.宋元明清琥珀

宋元明清琥珀在厚度特征上比较明确，基本延续传统，但显然是一点点地在增加，这一点我们看得很清楚，而且在器物厚度上基本达到了视觉审美的要求，同时也达到了实用的要求，是二者的结合体。由此可见，宋元明清时期琥珀在大小上几乎是有了质的飞跃，而且这一飞跃是普遍的，鉴定时我们应注意分辨。

琥珀随形摆件

琥珀平安扣

4. 民国与当代琥珀

民国与当代琥珀在厚度特征上比较明显。民国依然延续传统，创新很少见。而当代琥珀则在厚度上比较厚。特别是有些把件的厚度，可以说是用手刚刚能够握住，这样的厚度的确是比较大，几乎是任何一个历史时期都不可比拟的。一些吊坠厚度也是比较大，看起来特别饱满、莹润，珠光宝气的感觉油然而生。这一点在今日这一比较浮躁的社会当中不容易。琥珀的厚度可以保持

琥珀碗（三维复原色彩图）

得很好，主要原因有两个方面，一是原料进口渠道的多元化，特别是波罗的海沿岸国家琥珀大量的涌入，在原材料上充足，二是当代琥珀售卖计价基本上是以克为主，也就是称重量，而不是单件的销售，所以从这一点上看也很好地保留了琥珀在厚度上的一个优势特征。但当代琥珀制品并不是一味的厚，而是厚薄兼备，各种各样的厚度特征都有见，这一点我们在鉴定时应注意分辨。

仿花珀算珠

第四章 识市场

第一节 逛市场

一、国有文物商店

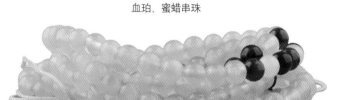

血珀、蜜蜡串珠

国有文物商店收藏的琥珀具有其他艺术品销售实体所不具备的优势：一是实力雄厚；二是古代琥珀数量较多；三是中高级专业鉴定人员多；四是在进货渠道上层层把关；五是国有企业集体定价，价格不会太离谱。国有文物商店是我们购买琥珀的好去处。基本上每一个省份都有国有的文物商店，是文物局的直属事业单位之一。下面我们具体来看一下表 4-1。

血珀、蜜蜡串珠

血珀串珠

表 4-1 国有文物商店琥珀品质优劣

名称	时代	品种	数量	品质	体积	检测	市场
琥珀	高古	极少	极少	优／普	小器为主	通常无	国有文物商店
	明清	稀少	多见	优／普	小器为主	通常无	
	民国	稀少	多见	优／普	小器为主	通常无	
	当代	多	少	优／普	大小兼备	有／无	

琥珀平安扣

琥珀手镯（三维复原色彩图）

　　由表 4-1 可见，从时代上看，国有文物商店琥珀古代就有见，但主要以明清时期为主，过早或是民国和当代的都不多见。早期琥珀多是墓葬发掘并保存在博物馆中；当代琥珀开采能力非常强，进口量也很大，但文物商店并不是销售当代琥珀的主渠道，所以进货量比较少。从品种上看，文物商店内古代琥珀品种没有当代齐全，直至民国时期都是这样，品种较单一，主要以国产的矿珀为主。而当代琥珀在品种上比较齐全，如血珀、金珀、骨珀、花珀、蓝珀、虫珀、香珀、翳珀等都有见。从数量上看，国有文物商店内古代琥珀极为少见，明清民国时期相对古代多见，但数量也是比较少，当代琥珀在数量上也不是很多，这主要是由于文物商店不是销售当代艺术品的主渠道。从品质上看，古代琥珀在品质上较为优良，但普通的品质也常见，明清、民国时期基本延续

琥珀平安扣

血珀手镯（三维复原色彩图）

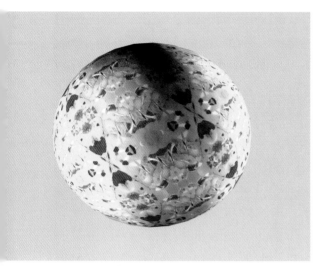

仿花珀珠（三维复原色彩图）

金珀珠

这一特点，当代基本上也是延续传统，粗糙者很少见。从体积上看，国有文物商店内的琥珀古代、明清、民国时期的都是以小器为主，这是因为国内琥珀矿产资源十分匮乏，所以难以雕琢大器，因此一般的器物造型都比较小。而随着当代技术的提高，以及大型原材的出现，体积上已经大小兼备。从检测上看，文物商店内古董琥珀通常没有检测证书，当代琥珀一些有检测证书，但证书上只有一些物理性质的数据，优良程度还需自己判定。

琥珀随形摆件

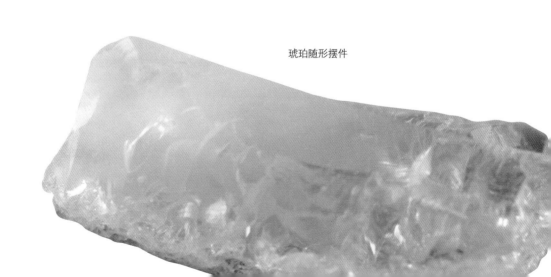

二、大中型古玩市场

大中型古玩市场是琥珀销售的主战场，如北京的琉璃厂、潘家园等，以及郑州古玩城、兰州古玩城、武汉古玩城等都属于比较大的古玩市场，集中了很多琥珀销售商。下面我们具体来看一下表4-2。

琥珀随形摆件

表4-2 大中型古玩市场琥珀品质优劣

名称	时代	品种	数量	品质	体积	检测	市场
琥珀	高古	极少	极少	优／普	小器为主	通常无	大中型古玩市场
	明清	稀少	少见	优／普	小器为主	通常无	
	民国	稀少	少见	优／普	小器为主	通常无	
	当代	多	多	优／普	大小兼备	有／无	

琥珀碗（三维复原色彩图）

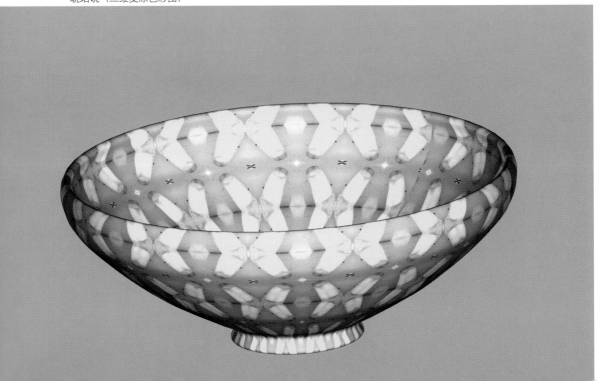

血珀、金珀串珠

由表 4-2 可见，从时代上看，大中型古玩市场上古董和当代琥珀都有见。在品种上，琥珀在古代极少见，明清和民国时期也比较单一，只是当代琥珀的品种比较丰富，各种琥珀都有见。从数量上看，明清琥珀较为少见，明清以前的琥珀更为少见，以当代为主，数量比较多，店铺内琳琅满目，应有尽有，一些店铺兼具有批发功能。从品质上看，大中型古玩市场内的琥珀在品质上以优良为主，但古代以及明清、民国所占比例小一些，当代所占据比例最大。从体积上看，大中型市场内的古代琥珀以小件为主，很少见到大器，而明清、民国时期也是以小器为主。当代的琥珀则在体积上较之古代有很大变化，大小兼备。从检测上看，古代琥珀进行检测的很少见，当代琥珀有的有检测证书，而有的则没有检测证书。其实，对于有经验的人来讲，检测并不重要，因为琥珀并不是很难辨识，只是优劣很难判断，但是对于初入市场者还是选择有检测证书的比较靠谱。

琥珀随形摆件

琥珀随形摆件

琥珀碗（三维复原色彩图）

印尼蓝珀手镯（柯巴树脂）（三维复原色彩图）

三、自发形成的古玩市场

这类市场三五户成群，大一点几十户。这类市场不很稳定，有时不停地换地方，但却是我们购买琥珀的好地方，我们具体来看一下表4-3。

表4-3　自发古玩市场琥珀品质优劣

名称	时代	品种	数量	品质	体积	检测	市场
琥珀	高古						
	明清	稀少	少见	普／劣	小器为主	通常无	自发古玩市场
	民国	稀少	少见	普／劣	小器为主	通常无	
	当代	多	多	优／普	大小兼备	通常无	

琥珀随形摆件

琥珀随形摆件

琥珀随形摆件

琥珀随形摆件

　　由表 4-3 可见，从时代上看，自发形成的古玩市场上琥珀虽然是琳琅满目，但并不是哪个时代都有。早于明清时期的很少见；明清时期有见；主要是以当代琥珀为主。从品种上看，自发形成的古玩市场上琥珀品种也是比较多，基本上当代琥珀的品种都齐全；明清、民国时期琥珀品种不是很多。从数量上看，主要以当代为多见，明清、民国琥珀在数量上很少，需要慢慢寻找，并不是像当代琥珀那样入眼就能看到。从品质上看，明清和民国琥珀在品质上普通者有见，品质差者也有见。当代琥珀在品质上有大幅度的提高，品质优者占主流地位，普通者有见，品质差者基本不见。从体积上看，明清及民国时期基本以小器为主，当代则是大小兼备，这主要得益于琥珀原石大量的进口，资源十分充足。从检测上看，这类自发形成的小市场上基本上没有检测证书，鉴定全靠眼力。

血珀、金珀串珠

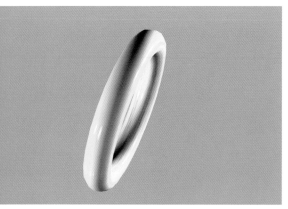

南美洲琥珀手镯（柯巴树脂）（三维复原色彩图）　　琥珀随形摆件

四、大型商场

　　大型商场也是琥珀销售的好地方，因为琥珀本身就是奢侈品，同大型商场定位相吻合。大型商场内的琥珀琳琅满目，各种琥珀应有尽有，在琥珀市场上占据着主要位置，下面我们具体来看一下表4-4。

表4-4　大型商场琥珀品质优劣

名称	时代	品种	数量	品质	体积	检测	市场
琥珀	高古						大型商场
	当代	多	多	优／普	大小兼备	通常无	

血珀、金珀串珠

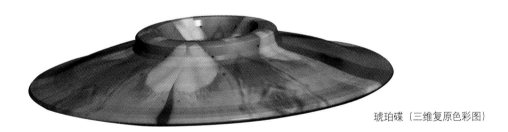

琥珀随形摆件

　　由表 4-4 可见，从时代上看，大型商场内
的琥珀销售是以当代为主。从品种上看，商场
内琥珀的种类非常多，血珀、金珀、骨珀、花珀、
蓝珀、虫珀、香珀、翳珀、石珀、柯巴树脂等都
有见。从数量上看，各类琥珀都非常多，不缺货，
要多少有多少。从品质上看，大型商场内的琥珀在
品质上以优质为主，普通者有见，品质低的情况很少见。
从体积上看，大型商场内琥珀大小兼备，大到山子、摆件，
小到摆件、串珠等都有见。从检测上看，大型商场内的琥珀由于比
较精致，十分贵重，多数有检测证书。

琥珀碟（三维复原色彩图）

印尼蓝珀碗（柯巴树脂）（三维复原色彩图）

琥珀随形摆件

五、大型展会

大型展会，如琥珀订货会、工艺品展会、文博会等成为琥珀销售的新市场，下面我们具体来看一下表4-5。

表4-5 大型展会琥珀品质优劣

名称	时代	品种	数量	品质	体积	检测	市场
琥珀	高古						大型展会
	明清	稀少	少见	优／普	小器为主	通常无	
	民国	稀少	少见	优／普	小器为主	通常无	
	当代	多	多	优／普／低	大小兼备	通常无	

由表4-5可见，从时代上看，大型展会上的琥珀明清、民国时期的有见，但数量很少，以当代为主。从品种上看，大型展会琥珀品种比较多，已知的琥珀品质基本上展会都能找到，包括原石和各种柯巴树脂等。从数量上看，各种琥珀琳琅满目，数量很多，各个批发的摊位上可以看到成袋装的串珠等。从品质上看，大型展会上的琥珀在品质上可谓是优良者有见，更有见普通者，低品质的琥珀也是大量有见，所以我们在逛展会时应特别注意。从体积上看，大型展会上的琥珀在体积上大小都有见，体积已是琥珀价格高低的标志。这与当代琥珀原石规模化开采有关。许多大料得以见到天日，为工匠们自由创作提供了条件。从检测上看，大型展会上的琥珀多数无检测报告，只有少数有检测报告。但检测也只能证明是琥珀，其优良程度则是无法判断，主要还是依靠人工来进行辨别。

琥珀随形摆件

琥珀随形摆件

琥珀随形摆件

琥珀镯（三维复原色彩图）

南美洲琥珀随形摆件（柯巴树脂）

血珀桶珠

六、网上淘宝

网上购物近些年来成为时尚。同样网上也可以购买琥珀，销售琥珀的网站也较多，下面我们具体来看一下表 4-6。

表 4-6 网络市场琥珀品质优劣

名称	时代	品种	数量	品质	体积	检测	市场
	高古	极少	极少	优／普	小	通常无	
琥珀	明清	稀少	少见	优／普／劣	小器为主	通常无	网络市场
	民国	稀少	少见	优／普／劣	小器为主	通常无	
	当代	多	多	优／普	大小兼备	有／无	

琥珀随形摆件

金珀珠

琥珀随形摆件

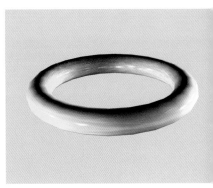

琥珀手镯（三维复原色彩图）

　　由表 4-6 可见，从时代上看，通过网上搜索就可以找到各个时代的琥珀，但通常情况下以明清、民国时期为主，不过数量很少，且明清以前的很少见，以当代为常见。从品种上看，琥珀的品种极全，几乎囊括所有的琥珀品类，如血珀、金珀、骨珀、蜜蜡、花珀、蓝珀、虫珀、香珀、翳珀、石珀等。从数量上看，各种琥珀也是应有尽有，只不过相对来讲黄色琥珀最多，可能占到各种琥珀色彩的 90% 以上。从品质上看，古代琥珀的品质以优良和普通为主，明清、民国时期则是优良、普通、差者都有见；当代以优良和普通者为多，品质差者几乎不见，这说明当代琥珀在质量上有了质的飞跃。从体积上看，

琥珀碟（三维复原色彩图）

琥珀碟（三维复原色彩图）

古代琥珀绝对是小器。如汉代的琥珀印章可谓是最小的实用印章之一；而明清和民国时期虽然还是以小器为主，但已偶见有大器。当代则是大小兼备。从检测上看，网上淘宝而来的琥珀大多没有检测证书，只有一部分有检测证书，当然在选择购买时最好是选择有证书的，但要注意检测证书只有其物理性质的描述，并不能让我们对品质进行有效的判断，这一点我们在购买时应注意分辨。

琥珀随形摆件

琥珀随形摆件

琥珀碟（三维复原色彩图）

琥珀手镯（三维复原色彩图）

七、拍卖行

琥珀拍卖是拍卖行传统的业务之一，是我们淘宝的好地方，具体我们来看一下表 4-7。

表 4-7 拍卖行琥珀品质优劣

名称	时代	品种	数量	品质	体积	检测	市场
琥珀	高古	极少	极少	优／普	小	通常无	拍卖行
	明清	稀少	少见	优良	小器为主	通常无	
	民国	稀少	少见	优良	小器为主	通常无	
	当代	多	多	优	大小兼备	通常无	

由表 4-7 可见，从时代上看，拍卖行拍卖的琥珀各个历史时期的都有见，但主要以明清、民国及当代琥珀为主。从品种上看，拍卖市场上的琥珀在品种上比较齐全。当代以各色琥珀为显著特征，如血珀、金珀、蓝珀等等，以黄色的金珀为主角，当然这是因为其

琥珀随形摆件

琥珀随形摆件

琥珀随形摆件

琥珀碗（三维复原色彩图）

产量比较大；而古代则是以矿珀为主。从数量上看，古代琥珀极少见有拍卖至明清、民国时期已经是比较多见，但是相对于当代还是少数。当代琥珀在拍卖行出现的数量最大。从品质上看，古代琥珀优良和普通的质地都有见；而明清、民国时期的琥珀主要是以优良品质为主；当代琥珀在拍卖场上也是以优良为主。但当代琥珀料选择余地更大，普通的料根本不足以上拍卖。从体积上看，古代琥珀在拍卖行出现的无大器，明清、民国几乎延续了这一特点，只是偶见大器。当代琥珀在体积大小上则是有很大提高，大小兼备。从检测上看，拍卖场上的琥珀一般情况下也没有检测证书，其原因是琥珀其实比较容易检测，有的时候目测一下就可以了，所以拍卖行鉴定时基本可以过滤掉伪的琥珀。

金珀镯（三维复原色彩图）

血珀、蜜蜡串珠

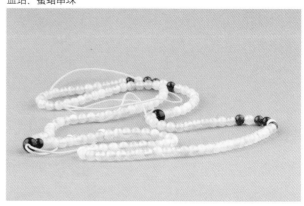

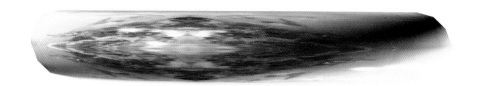

琥珀镯（三维复原色彩图）

八、典当行

典当行也是购买琥珀的好去处。典当行的特点是对来货把关比较严格，一般都是死当的琥珀作品才会被用来销售。具体我们来看一下表4-8。

表4-8 典当行琥珀品质优劣

名称	时代	品种	数量	品质	体积	检测	市场
琥珀	高古	极少	极少	优／普	小	通常无	典当行
	明清	稀少	少见	优良	小器为主	通常无	
	民国	稀少	少见	优良	小器为主	通常无	
	当代	多	多	优	大小兼备	有／无	

琥珀随形摆件

琥珀随形摆件

哥伦比亚琥珀随形摆件（柯巴树脂）

由表 4-8 可见，从时代上看，典当行的琥珀古代和当代的都有见，明清和民国时期的制品时常有见，主要以当代的为多见。从品种上看，典当行古代琥珀的品种比较单一，主要是以矿珀为主，当代品种比较丰富，如血珀、金珀、骨珀、花珀、蓝珀、虫珀、香珀等都有见，但医珀、原石、柯巴树脂等很少见。从数量上看，古代琥珀在典当行极为少见，明清和民国时期琥珀也是比较少见，以当代琥珀为主，数量较多。从品质上看，典当行内古代琥珀以优质和普通者为常见，明清时期在品质上也有提高，以优良料为主；而当代数量比较大，以优良料为主，普通料也有见，但品质差的已

金珀镯（三维复原色彩图）

琥珀随形摆件

琥珀随形摆件

琥珀随形摆件

琥珀随形摆件

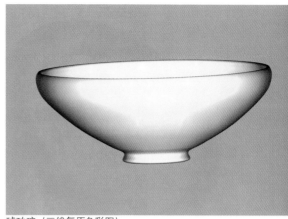

琥珀碗（三维复原色彩图）

经基本不见。从体积上看，古代琥珀的体积一般都比较小，很少见
到大器。典当行内的琥珀在明清时期主要以小器为主，偶见大器。
当代琥珀在体积上虽然还是以小件为主，但是大器也是十分常见，
基本上呈现出大小兼备的格局。从检测上看，典当行内的当代琥珀
大多有检测证书，而古代琥珀则很少有检测证书。

琥珀碗（三维复原色彩图）

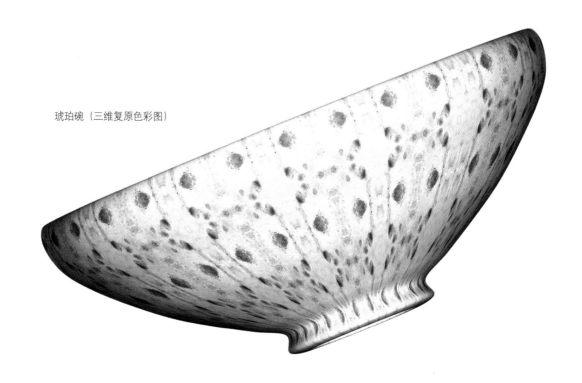

琥珀碟（三维复原色彩图）

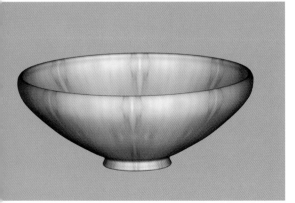

第二节 评价格

一、市场参考价

　　琥珀具有很高的保值和升值功能，不过琥珀的价格与时代以及工艺的关系密切。琥珀虽然在古代就有见，但开采能力有限，故在古代数量非常少，是王公贵胄的专享。直到当代，由于大量进口波罗的海沿岸的琥珀才得以鼎盛，成为人们广为佩戴的饰品。琥珀主要以质地取胜，时代并不是最主要的因素，一般人们都以能够收藏到高品质的琥珀为荣，而普通琥珀则多是入门级。另外，工艺也是决定琥珀价格的重要因素，品质工艺俱佳的琥珀，价格可谓是一路所向披靡，青云直上九重天，比如，

琥珀碗（三维复原色彩图）

琥珀碗（三维复原色彩图）

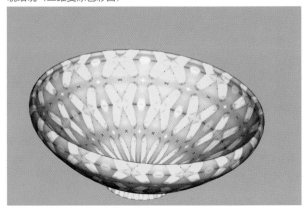

琥珀碗（三维复原色彩图）

血珀手镯（三维复原色彩图）

虫珀几百万者有见，净度密度俱佳的琥珀，几千元每克者比比皆是，但普通琥珀通常在几十到几百元之间，价格比较低。这是由于其数量比较多，工艺普遍不如古代琥珀。由上可见，琥珀的参考价格也比较复杂，下面让我们来看一下琥珀主要的价格。但是，这个价格只是一个参考，因为本书中所提价格是已经抽象过的，并作研究用的价格，实际上已经隐去了该行业的商业机密，如有雷同，纯属巧合，仅仅是给读者一个参考而已。

明 琥珀瑞兽：0.56 万～ 0.88 万元

清 琥珀刘海戏蟾：46 万～ 66 万元

清 琥珀洗：0.4 万～ 62 万元

清 琥珀盘：28 万～ 36 万元

清 琥珀印章：0.3 万～ 1.3 万元

清 琥珀山子：4 万～ 8 万元

清 琥珀烟壶：0.3 万～ 52 万元

清 琥珀朝珠：0.5 万～ 9 万元

清 翡翠琥珀朝珠：0.78 万～ 0.98 万元

清 琥珀手串：1.2 万～ 7 万元

清 琥珀一百零八粒佛珠：0.7 万～ 1.3 万元

清 琥珀摆件：0.7 万～ 3.6 万元

清 琥珀印：2.8 万～ 13 万元

清 琥珀小杯：0.3 万～ 0.6 万元

清 琥珀脉枕：0.5 万～ 0.8 万元

清 琥珀笔舔：6.8 万～ 8 万元

清 琥珀佛珠：3.6 万～ 28 万元

清 琥珀项链：0.7 万～ 1.3 万元

民国 琥珀山子： 0.52 万～ 0.68 万元

当代 琥珀胸针：1 万～ 1.8 万元

当代 琥珀手串：0.2 万～ 0.7 万元

当代 琥珀项链：0.2 万～ 0.8 万元

琥珀碟（三维复原色彩图）

二、砍价技巧

砍价是一种技巧，但不是根本的商业活动，它的目的就是与对方讨价还价，获取对自己最有利的价格。但从根本上讲砍价只是一种技巧，理论上只能将虚高的价格谈下来，但当接近成本时显然是无法真正砍价的，所以忽略琥珀的时代及工艺水平来砍价，结果可能不会太理想。通常琥珀的砍价主要从这几个方面入手：一是品相，琥珀在经历了岁月长河之后大多数已经残缺不全，但一些好的琥珀今日依然可以完整保存，正如我们在博物馆看到的汉唐琥珀一样，熠熠生辉。但从实践中我们也可以看到一些琥珀残缺严重，这自然会影响到其价格，找到这样的瑕疵，自然可以成为砍价的利器。二是品质，不同的琥珀品质不同，同一种琥珀品质也不相同，比如，同样是金珀，其在品质上也有很大的差别，纯净、致密者价值连城，

琥珀平安扣

血珀桶珠

琥珀碗（三维复原色彩图）

而品质不高者则是价格平平，而这些都可以成为抢锤砸价的重要因素。三是时代，琥珀的时代特征对于琥珀的价格影响是巨大的，老的琥珀不仅具有材质上的价值，还可以论克称重销售。因为其所蕴含的历史信息更为重要，具有文物价值，因此断代对于琥珀来讲特别重要。如果能找到断代的依据，自然可以成为砍价的利器。总之，琥珀的砍价技巧涉及时代、做工、品质、种类、体积、重量等诸多方面，从中找出缺陷，必将成为砍价利器。

琥珀随形摆件

琥珀随形摆件

第三节 懂保养

一、清 洗

　　清洗是收藏到琥珀之后很多人要进行
的一项必要工作，目的就是要把琥珀表面
及其断裂面的灰土和污垢清除干净。但在
清洗的过程当中首先要保护琥珀不受到伤害，
一般不采用直接放入水中来进行清洗的方法，因为自来水中的多种
有害物质会使琥珀表面受到伤害。通常是用纯净水来清洗，一般用
温水进行，待到土蚀完全溶解后，再用棉球将其擦拭干净。遇到顽
渍可以用牛角刀进行试探性地剔除。如果还未洗净，就要送交专业
修复机构进行处理，千万不要强行剔除，以免划伤琥珀，一般情况
下用手揉搓一下就可以了。

血珀、金珀串珠

二、修 复

　　古代琥珀历经沧桑风雨，大多数需要修复。无论是古代还是当代琥珀的修复，主要包括拼接和配补两部分。拼接就是用黏合剂把破碎的琥珀片重新黏合起来。拼接工作比较简单，主要是根据碎片的形状、纹饰等特点，逐块进行拼对，最后完成拼接。配补只有在特别需要的情况下才进行，一般情况下拼接完成就已经完成了考古修复，只有商业修复是将琥珀修复至完美。当代琥珀制品一般不存在修复的问题。

琥珀随形摆件

琥珀随形摆件

三、防止高温

琥珀硬度不高，质软，尽量不要放在太阳光下长时间的曝晒，同时也不要放在距离明火较近的地方，这样会使其颜色有所变化，甚至会产生裂纹等不必要的损失。

四、防止磕碰

琥珀由于硬度和密度都不高，所以很容易受到伤害。一般情况下琥珀在保存时需要单独放置，或者是独立包装，特别是禁忌与铜铁、金银等器物放置在一起，有很多情况就是金银链子上的硬物伤害到了琥珀。

琥珀随形摆件

琥珀碟（三维复原色彩图）

琥珀随形摆件

五、日常维护

琥珀日常维护的第一步是进行测量。对琥珀的长度、高度、厚度等有效数据进行测量，目的很明确，就是对琥珀进行研究，以及防止被盗或是被调换。第二步是进行拍照，如正视图、俯视图和侧视图等，给琥珀保留一个完整的影像资料。第三步是建卡，琥珀收藏当中很多机构，如博物馆等，通常给新收藏到的古代琥珀建立卡片，内容如名称，包括原来的名字和现在的名字，以及规范的名称；其次是年代，就是这件琥珀的制造年代、考古学年代；还有质地、功能、工艺技法、形态特征等的详细文字描述，这样我们就完成了对古代琥珀收藏最基本的工作。第四步是建账，收藏琥珀的机构，如博物馆通常在测量、拍照、卡片、包括绘图等完成以后，还需要入国家财产总登记账和分类账两种，一式一份，不能复制，主要内容是将文物编号，包括总登记号、名称、年代、质地、数量、尺寸、级别、完残程度以及入藏日期等，总登记账要求有电子和纸质两种，是文物的基本账册。藏品分类账也是由总登记号、分类号、名称、年代、质地等组成，以备查阅。第五步是防止磕碰，强酸、强碱，防止与酒精接触，如指甲油、香水、发胶等，因为这里面可能会含有酒精，因此在梳妆打扮时需要将琥珀暂时取下来，在洗澡时也是如此，避免对于琥珀造成直接损伤。

六、相对温度

室内温度对于琥珀的保养也很重要，特别是对于经过修复复原的琥珀尤为重要。因为一般情况下黏合剂都有其温度的最好临界点，如果超出就很容易出现黏合不紧密的现象，一般库房温度应保持在 20 ～ 25 摄氏度，这个温度较为适宜，我们在保存时注意就可以了。

琥珀随形摆件

七、相对湿度

琥珀在相对湿度上一般应保持在 50% 左右，如果相对湿度过大，对保存琥珀不利。同时也不宜过于干燥，保管时还应注意根据琥珀的具体情况来适度调整相对湿度。

琥珀随形摆件

琥珀碗（三维复原色彩图）

第四节 市场趋势

一、价值判断

价值判断就是评价值，我们做了很多的工作，就是要做到能够评判价值。在评判价值的过程中，也许一件琥珀有很高的价值，但一般来讲我们要能够判断琥珀的三大价值，即古琥珀的研究价值、艺术价值、经济价值。当然，这三大价值是建立在诸多鉴定要点的基础之上的。研究价值主要是指在科研上的价值，比如，透过中国古代琥珀上所蕴含的历史信息可以使我们看到不同时代人们生活的点点滴滴，具有很高的历史研究价值等等。总之，琥珀在历史上精品力作频现，对于历史学、考古、人类学、博物馆学、民族学、文物学等诸多领域都有着重要的研究价值，日益成为人们关注的焦点。而艺术价值就更为复杂，不仅仅是中国古代琥珀，同时更多的是涉及当代琥珀。

血珀、蜜蜡串珠

琥珀镯（三维复原色彩图）

琥珀随形摆件

琥珀随形摆件

血珀桶珠

比如，琥珀的造型艺术、纹饰艺术、雕刻艺术、色彩艺术、书法艺术等，都是同时代艺术水平和思想观念的体现。如金珀、血珀、蓝珀等精品更具有较高的艺术价值，而我们收藏的目的之一就是要挖掘这些艺术价值。另外，琥珀在研究和艺术价值的基础上具有很高的经济价值，且研究价值、艺术价值、经济价值互为支撑，相辅相成，呈现出的是正比的关系。研究价值和艺术价值越高，经济价值就会越高；反之经济价值则越低。另外，琥珀还受到"物以稀为贵"、造型、纹饰、残缺、雕工等诸多要素的影响。

琥珀单珠、唐三彩壶、西周和田玉镯（三维复原图）

二、保值与升值

中国古代琥珀有着悠久的历史，不同的历史时期流行的琥珀有所不同。古代以矿珀为重，而当代则是以来自中东和波罗的海沿岸国家的琥珀为重。从琥珀收藏的历史来看，琥珀是一种盛世的收藏品，在战争和动荡的年代，人们对于琥珀的追求夙愿会降低，而盛世人们对琥珀的情结通常是水涨船高，琥珀会受到人们追捧，趋之若鹜，特别是金珀、血珀等。近些年来股市低迷、楼市不稳有所加剧，越来越多的人把目光投向了琥珀收藏市场。在这种背景之下琥珀与资本结缘，成为资本追逐的对象，高品质琥珀的价格扶摇直上，升值数十上百倍，而且这一趋势依然在迅猛发展。

从品质上看，琥珀对品质的追求是永恒的。琥珀并非都是精品力作，如血珀、金珀、蓝珀等各种琥珀当中都有少量高品质者，同时也有大量普通和低品质者，"物以稀为贵"，高品质琥珀具有很强的保值和升值功能。

琥珀碗（三维复原色彩图）

血珀、蜜蜡串珠

血珀、蜜蜡串珠

从数量上看，由于琥珀已是不可再生，特别是一些高品质和古代琥珀在当时生产的数量就很少，具有"物以稀为贵"的特性，有着很强的保值和升值功能。

总之，琥珀的消费特别大，人们对琥珀趋之若鹜，琥珀不断爆出天价，被各个国家收藏者所收藏，且又不可再生，所以"物以稀为贵"的局面将会越发严重，琥珀保值、升值的功能必将会进一步增强。

琥珀平安扣

参考文献

[1] 南京市博物馆 , 雨花台区文管会 . 江苏南京市邓府山明佟卜年妻陈氏墓 [J]. 考古 ,1999(10).

[2] 广西壮族自治区文物工作队 , 合浦县博物馆 . 广西合浦县九只岭东汉墓 [J]. 考古 ,2003(10).

[3] 扬州博物馆 . 江苏邗江县姚庄 102 号汉墓 [J]. 考古 ,2000(4).

[4] 南京市博物馆 . 江苏南京市北郊郭家山东吴纪年墓 [J]. 考古 ,1998(8).

[5] 南京市博物馆 , 南京市玄武区文化局 . 江苏南京市富贵山六朝墓地发掘简报 [J]. 考古 ,1998(8).

[6] 西藏自治区山南地区文物局 . 西藏浪卡子县查加沟古墓葬的清理 [J]. 考古 ,2001(6).

[7] 内蒙古考古研究所 . 辽耶律羽之墓发掘简报 [J]. 文物 ,1996(1).

[8] 姚江波 . 中国古代玉器鉴定 [M]. 长沙 : 湖南美术出版社 ,2009.

[9] 南京市博物馆 . 江苏南京市明黔国公沐昌祚、沐睿墓 [J]. 考古 ,1999(10).

[10] 南京市博物馆 . 江苏南京市板仓村明墓的发掘 [J]. 考古 ,1999(10).

[11] 南京市博物馆 . 江苏南京市北郊郭家山东吴纪年墓 [J]. 考古 ,1998(8).

[12] 姚江波 . 中国古代铜器鉴定 [M]. 长沙 : 湖南美术出版社 ,2009.

[13] 广西文物工作队 , 合浦县博物馆 . 广西合浦县母猪岭东汉墓 [J]. 考古 ,1998(5).

[14] 辽宁省文物考古研究所 , 本溪市博物馆 , 桓仁县文物管理所 . 辽宁桓仁县高丽墓子高句丽积石墓 [J]. 考古 ,1999(4).